农业干旱风险分析理论与实践

李彦彬 李道西 李雯 等 著

中国水利水电出版社
www.waterpub.com.cn
·北京·

内 容 提 要

本书以河南省为研究对象，从气象干旱、农业干旱、水文干旱与社会经济干旱等方面研究河南干旱成因；通过对研究区气象、水文、社会经济等数据进行处理，建立农业干旱灾害风险评估模型，得到河南省各地市农业旱灾综合风险值，对河南省农业干旱灾害风险进行评价；通过实验研究干旱胁迫对冬小麦和夏玉米生长和产量的影响，分析冬小麦和夏玉米的光合特性、根冠和产量对干旱的响应机理；对河南农业干旱的发生发展进行预测研究，选取 SPEI 指标对河南省农业干旱进行识别，提出了适用于河南典型区的农业干旱等级划分标准，通过 NAR 神经网络对河南省降水序列与温度序列进行预测。

图书在版编目（ＣＩＰ）数据

农业干旱风险分析理论与实践 / 李彦彬等著. -- 北京 : 中国水利水电出版社，2019.10
ISBN 978-7-5170-8242-2

Ⅰ．①农… Ⅱ．①李… Ⅲ．①农业－旱灾－风险分析－研究－河南 Ⅳ．①S423

中国版本图书馆CIP数据核字(2019)第274990号

书　　　名	**农业干旱风险分析理论与实践** NONGYE GANHAN FENGXIAN FENXI LILUN YU SHIJIAN
作　　　者	李彦彬　李道西　李　雯　等著
出 版 发 行	中国水利水电出版社 （北京市海淀区玉渊潭南路 1 号 D 座　　100038） 网址：www.waterpub.com.cn E - mail：sales@waterpub.com.cn 电话：(010) 68367658（营销中心）
经　　　售	北京科水图书销售中心（零售） 电话：(010) 88383994、63202643、68545874 全国各地新华书店和相关出版物销售网点
排　　　版	中国水利水电出版社微机排版中心
印　　　刷	天津嘉恒印务有限公司
规　　　格	170mm×240mm　16 开本　12.5 印张　245 千字
版　　　次	2019 年 10 月第 1 版　2019 年 10 月第 1 次印刷
定　　　价	**58.00 元**

凡购买我社图书，如有缺页、倒页、脱页的，本社营销中心负责调换

前　言

　　干旱一直是社会影响力大、造成损失程度高、灾难性强的自然灾害，它所造成的经济损失远超过其他气象灾害。随着全球变暖现象的日益加剧，由气候变化造成的极端气候事件在强度和频率上的不断增大而产生的大量自然灾害已成为人类 21 世纪面临的严峻挑战之一。我国地域辽阔，地貌复杂多样，人口众多，使得干旱灾害对我国的影响非常之大。干旱灾害已成为我国粮食产量的重要影响因子，同时也是牵制我国农业快速稳定发展的重要胁迫因子。农业干旱是危害农业生产的主要灾害，是气象和水文干旱的延伸，是对人们造成灾害影响的重要方面。

　　河南省干旱灾害十分严重。由于其位于中部地区气候过渡地带，降雨年际间受季风影响变化大，且季节间分配不均，一年中干旱时间长，干旱区域分布差异大。同时，部分地区如山地等人畜饮水困难和城市供水不足等问题也逐渐显性化。随着经济增长和社会发展，干旱问题将越来越突出，如何解决干旱将越加重要，应该引起各方高度重视。

　　本书以河南省为研究对象，从气象干旱、农业干旱、水文干旱与社会经济干旱等方面研究河南干旱成因；通过对研究区气象、水文、社会经济等数据进行处理，得到农业干旱的危险性指标、脆弱性指标、暴露性指标、防灾减灾能力指标以及河南省农业干旱风险评价指标体系，在运用层次分析法得出各因子的权重的基础上进行加权综和，从而建立农业干旱灾害风险评估模型，经运算得到河南省各地市农业旱灾综合风险值，用以表征农业干旱灾害风险程度，对河南省农业干旱灾害风险进行评价；通过实验研究干旱胁迫对冬小麦和夏玉米生长和产量的影响，研究不同生育阶段不同水分胁迫程度及复水对冬小麦和夏玉米生长和生理的影响，分析冬小麦和夏玉米的光合特性、根冠和产量对干旱的响应机理；对河南农业干旱的发生发展进行预测研究，在对 PDSI、SPI、SPEI 三种干旱指标进行适用性分析的基础上，选取 SPEI 指标对河南省农业干旱进行识别；提出了适用于河南典型区的农业干旱等级划分标准，通过 NAR 神经网络对河南省降水序列与温度序列进行预测，将预测数据计算的 SPEI 与真实 SPEI 指数进行对比，发现 NAR 神经网络对河南省农业干旱具有较为理想的预测能力。

参与此书编写的人员有李彦彬、李道西、李雯、杜甜甜、朱亚南、梁萧、郭利君等，其中，绪论、第一章由李彦彬编写，第二章由李雯编写，第三章由杜甜甜、郭利君编写，第四章由李道西、朱亚南编写，第五章由梁萧、郭利君编写，第六章由李彦彬、李道西编写。李彦彬负责全书编订工作。

在本书编撰过程中，编写成员通力合作，积极工作，从野外实地调查到书稿形成，进行了大量的分析研究工作。本书撰写过程中参考和引用了国内外专家和学者的研究成果，在此一并向他们表示感谢。中国水利水电出版社对本书的出版给予了大力支持，编辑为此付出了辛勤劳动，在此表示诚挚谢意！本书是在国家自然基金项目——变化环境下农业干旱响应机理及智能预测方法研究（51779093）和河南省高校科技创新团队支持计划（171RTSTHN026）项目支撑下完成的。

限于编者水平，书中难免存在不足之处，敬请国内外同行专家、学者及广大读者予以批评指正。另外，书中对于其他专家学者的论点和成果都尽量给予了引证，如有不慎遗漏，请诸位专家谅解。

作者

2019 年 8 月

目　　录

第一章 绪 论

一、研究背景和意义

干旱一直是社会影响力大、造成损失程度高、灾难性强的自然灾害，它所造成的经济损失远超过其他气象灾害。20 世纪 70 年代，干旱引起撒哈拉沙漠扩展，非洲大约 25 万人因此丧生。20 世纪 80 年代，美国发生了三次大旱，仅农业生产损失总量就超过了 700 亿美元。干旱还会引起各种生态问题，如干旱缺水诱导地下水超采，引起地面沉降，海水入侵；降水不足引起草场植被退化、土地荒漠化加剧等。干旱分为气象干旱、水文干旱、农业干旱与社会经济干旱等。干旱的形成、发展和消亡过程是各个因素共同作用的结果。其中，气象和水文是干旱的主要影响因素。气象干旱的主要原因是缺少降水；水文干旱的主要原因是缺少供水，供水来源包括自然河流、水库、地下水等蓄水环境；农业干旱的主要原因是植物生长期间可用水量的缺乏，一般可表示为土壤含水量弥补蒸散作用损水量的差值。因此对水文要素变化规律和变异特征的研究是揭示干旱致灾机理的必要条件。区域干旱的成灾是一系列的因素相互影响作用的结果。首先，气候变化和人类活动等影响了降水，包括降水的下渗、蒸发、汇流等过程，继而影响了流域出水断面的流量过程，从而加强了流域或区域的水文气象干旱程度。其中，气候变化影响降水主要表现在影响降水、径流等水文要素的均值，已经改变干旱出现的频率和极值。由于大气环流异常，在一段时期内降水量的变化会造成通常所说的洪涝或干旱。洪涝是指一段时期内的降水量过多，导致径流超过河道正常行水能力而出现漫溢；干旱是指由于降水减少以致供水不足，无法满足人类经济活动及生活的需要。其次，人类活动包括造林、毁林、大面积农业开发、道路建设和城镇化及破坏湿地等，这些都将直接对社会经济发展产生严重影响。那么，在这些水文要素异常变化情况下，区域干旱灾害的成灾机理究竟如何，又以什么样的规律发生变化，是当前亟待研究的重要科学问题。

随着全球变暖现象的日益加剧，因气候变化造成的极端气候事件在强度和频率上的不断增大而产生的大量自然灾害已成为人类 21 世纪面临的严峻挑战之一。人类对自然资源无限制的开发，已经严重地破坏了地球的生态环境，全球平均气温上升、极端自然气候事件频现，在全球各地均有不同程度的干旱、洪涝等灾害事件的发生。中国是全球自然灾害发生比较频繁的国家之一，每年由于发生自然灾害而导致的经济损失轻则数百亿元，多则上千亿元。与其他自然灾害相比，干旱灾害带来的经济损失要大得多。据统计，全球约有 1/3 的土地以及 20% 的人口长期受干旱灾害的影响，在农业上受干旱影响而造成的损失高达 260 亿美元 1 年，干旱灾害在自然灾害中已经成为影响范围最大、影响最深的一种灾害。在许多国家，旱灾长期发生，并且严重影响人类生产生活的各个方面，已经成为制约各国经济发展的主要因素之一。由于全球气候变化和人类活动的加剧，地球上的水循环状况发生了剧烈的变化，导致很多地区和流域发生了严重的水资源问题和水环境危机。水问题已经成为制约经济发展、影响社会稳定的重要因素。在气候变化中，气温正经历着一次以变暖为主要特征的显著变化。在这种背景下，影响区域农业干旱灾害发生的水文、气象要素发生了变异，干旱灾害发生的频率和强度不断增大，直接威胁水安全、粮食安全和国家安全。因此，在变化环境下，以"农业干旱成灾机理和变化规律"为主要内容的干旱问题的研究已经成为当今国际资源科学、环境科学、农业科学、地理科学、信息科学、社会科学等交叉研究的学科前沿问题，也是全球及区域社会实现可持续发展的重大理论和实践问题之一。

改革开放以来，我国工业、城镇、信息、市场和国际化等方面发展迅速，随之而来的资源与环境问题也日渐突出，经济和社会发展与干旱间的相互影响及矛盾日益严峻。中国地处亚欧大陆，国土面积大，大陆性季风气候明显，地貌复杂多样，国内南北降水差异较大。此外，由于境内水土资源分配失衡、经济发展不平衡及生态环境长期受到破坏等特点，自古以来我国就频繁遭受旱灾害侵袭。据统计，在 1949 年前的两千多年里，每两年多就会发生一次干旱灾害；在 1950—2013 年，全国有 25 年出现严重、特大旱灾灾害，其中 1990—2013 年共有 12 年发生了严重、特大干旱；2000—2001 年国内大部分省（自治区）受到旱灾侵袭；在 2003 年，长江的中下游、华南和西南的大部分地区遭受旱灾影响最为严重；2006 年的川渝全年大旱更是引起了全国人民的关注；2007 年全国性大旱，旱情的直接影响范围几乎达到全国近 22 个省、自治区、直辖市；在 2009—2010 年，西南五省区发生了特大大旱；在 2013 年的 6—9 月，江南地区发生多省大旱等。

据统计，进入 21 世纪以来，旱灾发生持续时间变长，影响范围变大，旱灾损失逐渐加重。我国自然灾害带来的经济损失中，超过七成是属于气象类灾害带来的，而气象类灾害带来的经济损失中，超过五成是由旱灾引起的。由于我国地域辽阔，地貌复杂多样，人口众多，地理位置特殊，使得干旱灾害对我国的影响非常大。据统计，我国每年旱灾受灾面积占各种自然灾害的受灾总面积的 40% 以上，旱灾造成的农业损失占自然灾害损失总量的 60% 以上。干旱灾害已成为影响我国粮食产量的重要影响因子，同时也是牵制我国农业快速稳定发展的重要的胁迫因子。

农业干旱是危害农业生产的第一灾害。农业干旱是气象和水文干旱的延伸，是对人类造成灾害影响的重要方面之一。通过试验对研究区域内旱灾成灾机理的研究是创新性研究突破的重点内容之一。河南省作为我国主要粮食产区，农业干旱对河南的影响更大，它不仅对河南省经济发展有着严重影响，干旱严重时甚至会对全国的粮食安全产生影响。近些年来，受全球变暖、社会经济发展等因素影响，出现用水量急剧增多等方面新问题，使干旱发生的频率越来越高，干旱造成的损失也越来越大。河南省地理位置优越，地处亚热带与暖温带交错的边缘地区，其先天的自然环境是农业发展的有利条件。然而近年来全国各地不断出现气候异常现象，河南省也经常出现干旱、冰雹、洪涝等自然灾害，极大地影响了河南省农业的快速稳定发展。由于河南省位于北亚热带和温暖带的过渡区，旱涝、冰雹、台风等灾害长期频繁出现、相伴而生，风调雨顺之年很少，且自然灾害多半发生在每年的夏秋两季，对秋粮产量的影响极大。旱灾、涝灾的影响在河南自然灾害排名中位居前列。据记载，1279—1911年间的 632 年中，共有 88 年出现大旱，平均每近 7 年就有一次大旱，部分地区甚至有"十年九旱"之称；大涝现象在 69 年中均有出现，平均约为 9 年一遇。古代，由于生产力极其低下，当出现旱涝灾害时，往往人们无力抵抗，常常造成百谷无收、河川净枯的惨景。中华人民共和国成立以后，中国共产党和人民政府带领人民大兴水利，抗旱排涝，大大提高了抵御水旱灾害的能力，自中华人民共和国成立至 2009 年这 60 年间，河南省自然灾害影响面积逐年下降，然而干旱灾害影响的土地面积仍然占到全省自然灾害受灾面积的 59.4%，对河南省粮食的产量以及农业的发展造成了极大的影响。2014 年 5 月 9—10日，习近平亲临河南，指出河南要做好农业防灾减灾工作，确保粮食安全，要立足打造全国粮食生产核心区这一目标和任务。第九届中国灾害史年会暨"中原灾荒与社会变迁"学术研讨会于 2012 年 12 月 7—9 日在河南南阳召开，与会专家研讨了"灾荒与社会变迁""灾害发生的成因、预测与防治"等。专家指出河南地区干旱灾害频繁发生与这一地区处于黄淮海流域交界处，气象、水文条件复杂多变有重要的关系。黄淮海流域气候特征对该区域水文条件影响严重，其水文气象条件变化多端，干旱灾害时常发生，严重影响农业产量和经济社会的发展。因此，需要加大对这一地区干旱致灾的气象、水文要素研究的深度和力度。近年来，河南省工业化和城镇化进程明显加快，城镇人口密度增加，社会财富极速聚集，导致基础设施承载力超负荷，部分建筑物达不到设防标准，城市管理薄弱，城市建设赶不上经济发展的脚步，达不到社会要求的程度，造成城市对干旱灾害有明显放大作用，并不断出现新的特点。在农村，经济社会发展还相对滞后，农田水利基础设施建设标准低、工程老化、灌溉方式落后、应急能力较弱，农民的主要收入来源是农业以及其他自然资源，所以其受干旱制约的程度很大，很多农民会因灾而致贫或返贫，自身抵御干旱灾害的能力非常薄弱。与此同时，人为因素也在社会经济发展过程中逐渐成为了加重干旱成灾风险的原因之一。近年来，该地区年平均降雨量以及黄河等主要河流年均径流量呈减少趋势，已经严重威胁省内城市供水及农业需水的安全，遇到干旱年更是对农业及经济社会造成明显影响。2010年河南省再次遭受50年一遇大旱，经有关专家分析，粮食减产二三成在所难免。干旱引起了中央领导及社会各界的高度关注。2011年1月24日和2月7—8日，温家宝总理两次亲临河南考察，调研抗旱工作，对抗旱工作做出了重要指示。

　　本书以河南省为研究对象，研究干旱水文要素时空变化特征及变异规律，通过对过去50年河南省水文要素变化过程的模拟与分析，揭示在气候变化和人类活动条件下区域水资源演变规律；分析水文气象要素时间序列变异点，揭示极端气象干旱和农业干旱的成因；研究水文干旱和社会经济干旱的规律特点；建立区域干旱预测模型，对区域干旱的变化做出预测分析；针对干旱灾害提出相应的防治对策与措施，尽可能地降低和减少干旱灾害带来的损失，为减灾、防灾及水资源合理开发利用提供科学依据。研究不同生育阶段不同水分胁迫程度及复水后对作物生长指标和生理指标的影响，确定受旱恢复的需水时间、需水量等边界阈值十分重要，是优化灌溉制度和水资源高效利用的基础工作。尽管相关研究开始的较早，但干旱后复水对作物生理特性和产量的影响仍没有较为系统深入的试验研究。为此，本试验以黄淮海平原地区主要农作物小麦和玉米为研究对象，研究不同生育阶段不同水分胁迫程度及复水对冬小麦和夏玉米生长发育和生理指标的影响，分析冬小麦和夏玉米的光合特性、根冠和产量对干旱的响应机理，为今后优化灌溉制度和预测干旱胁迫对小麦和玉米发展趋势的影响提供一定的参考依据。随着干旱问题的加剧，迫使着我们必须增强对干旱的应对能力。对区域特别是干旱多发的重点区域进行水文要素的时空变异分析，以深入了解区域内水资源变化，防旱减灾变得十分迫切和必要。同时，通过对区域水文要素（降水、径流、地下水位、气温等）的时空变异分析，可以深刻揭示其变异规律，有助于认识区域水循环规律，了解水资源特性，为水资源的合理开发和减灾、防灾提供科学依据。随着社会进步与科学发展，我国应对干旱防御措施方式已从从最初被动的"抗旱救灾"，转变为主动的"趋利避害"，以防为主，这使得人们对干旱预测的研究进展更为关注。干旱预测不但是决策者做出减灾决策的重要依据，也是干旱防御的非工程措施之一。提前了解干旱趋势，调整农作物种植品种，制定有效抗旱减灾措施，对降低农业损失具有重要意义。

二、国内外研究现状

（一）干旱与旱灾

干旱和旱灾是两个本质概念不同的现象。干旱是一段时期内降水低于正常时出现的一种现象，发生干旱后将造成供水资源减少，影响人类生存和农作物的生产。干旱作为一种较为复杂的自然现象，通常是由于降雨骤减或水资源供需失衡而导致部分地区水资源相对短缺的气候现象，干旱的分类和特点见表1-1。气象干旱、农业干旱、水文干旱和社会经济干旱之间既有相互联系又有区别。持续的气象干旱可以导致农业干旱、水文干旱和社会经济干旱，造成十分严重的后果。由于干旱的发展速度缓慢、发展过程难以辨别，多数干旱发展到旱灾时才被人们注意到，但往往为时已晚。因而识别、评价、研究干旱，为防灾减灾以及科学合理利用水资源提供科学依据，有着极为重要的经济、社会和生态意义。干旱是一种常见的自然灾害，发生频率高，对社会经济和人民生活影响大。在全球范围内，有20％的人口和35％的土地正饱受干旱的危害。而现今干旱的产生已不仅仅是降水等自然原因所致，还有人为致旱因素混杂，所以干旱研究成为了自然灾害研究的重点和难点，需要多学科交叉研究。干旱的起因在世界上通常与大气的大区块异常联系起来。例如，1988年北美大平原发生了大旱，Trenbenth等发表在《科学》杂志上的研究发现，这次干旱可能是由于强烈的厄尔尼尔效应和南方涛动现象（ENSO）导致。而Hong和Kalnay启用区域模型分析后表示，这次大旱的主要因素是太平洋赤道东部的海洋温度异常、北美旱区土壤水分异常和当时北美旱区大气系统符合致旱条件这三个方面。到2000年，加拿大中西部草原发生严重干旱，Liu等通过研究证实这次干旱的起因是太平洋向北美传输的水分为54年最低。在20世纪80—90年代已经有全球性的科学组织对干旱进行大范围的联合研究，例如国际地圈-生物圈计划（IGBP）。而围绕IGBP项目又有种种关于各项水文气象要素的全球性计划，如水文循环的生物圈方面（BAHC计划）、全球能量和水循环试验项目（GEWEX项目）及全球尺度通用环流模型（GCMS）等。各类国际科技组织领导主持的水文水资源项目也陆续展开研究，如国际地圈-生物圈计划（IGBP）、全球能量和水循环试验项目（GEWEX项目）、联合国教科文组织主持进行的国际水文计划第四期计划（IHP-Ⅳ）（1990—1995年）"在变化的环境中的水文学与水资源持续开发"等。

旱灾之所以称为灾，是由于气候严酷或异常的干旱已经严重影响人们的生活生产活动，造成了严重的经济环境损失。当干旱的程度严重到对自然界和人类社会产生影响并造成严重的结果后则称为旱灾，发生干旱后，土壤水分短缺影响了农作物水分平衡，随后导致粮食的减产，后果严重时甚至会引起大范围的饥荒。干旱是一种自然现象，并不是所有的干旱都引起旱灾，一般地，在正常气候条件下水资源相对充足，不会引起旱灾，但在短时间内降水骤减造成水资源短缺，对生产生活造成很大的影响时才成为旱灾。

表 1 - 1　　　　　　　　　　　　干 旱 的 分 类 和 特 点

干旱的分类	特　　　点
气象干旱	气象干旱的持续时间比较短，其主要特点是由于降水的不足而导致的降水蒸发的不平衡，进而导致水资源的短缺
水文干旱	水文干旱持续的时间比较长，由于水文干旱的形成是降水、地表水、地下水三者的收支不平衡造成的，这就意味着水文干旱的恢复期比较长，因此持续时间也较长
农业干旱	农业干旱中主要农作物受到干旱的影响而导致减产或丰收，干旱针对的对象主要是农作物，同时也包含了土壤、大气以及人类对资源的利用等诸多方面。影响农作物干旱的因素主要是外界因素，对农作物的作用表现在作物体内水分的亏损，导致作物发育迟缓进而造成减产
社会经济干旱	社会经济干旱的产生主要是由于经济的发展导致需水量日益增加，水量供给不平衡影响生产生活、消费活动等。其特点是与气象干旱、水文干旱、农业干旱息息相关。其指标的建立常常包含一些经济商品的供需，如建立降水、径流和粮食生产、财产、航运、旅游以及生命财产损失等

　　我国作为传统的农业大国，自古以来便十分重视水患和干旱的治理。到近现代以来，已将气候和气象灾害纳入基础科学体系进行重点研究。"国家 973计划"首批启动项目中建立了"我国重大气候和天气灾害机理和预测理论研究"，包括："我国重大气候灾害的形成机理和预测理论研究"，由中科院大气物理所黄荣辉院士任首席科学家，重点从全球大气的活动探讨我国长期以来的气象灾害形成机理和特点；"我国重大天气灾害机理和预测理论研究"，由中国气象研究科学院倪允琪教授任首席科学家，重点揭示我国大型洪涝的发生发展机理和防御机制。从现有的文献来看，我国各地对农业干旱的研究还停留在经验阶段，缺乏系统、深入的探讨，尤其是旱象背后科学的致旱原因以及旱情对作物的胁迫作用导致的灾害的机制等方面，都需要更为详细和准确的结论。研究表明，我国的干旱现多发于北方，因北方降水量少，且河川径流过境量小。干旱表现出的地域性差别也很大。另一方面，我国现阶段干旱研究多偏向于气象研究，利用各类气象要素，使用数学方法阐述成旱机理，对农业水文干旱甚至社会经济干旱的研究还有待深入。气象干旱是干旱成旱的主因，但由于经济发展和人口增多，人为因素占致旱原因的比例越来越大，气象环境和地表环境也变得更加复杂，从某种程度上来说，农业水文干旱和社会经济干旱更能反映出现阶段干旱的性质和特点。谭方颖等将华北平原作为研究对象，利用其

1961—2005 年逐日气象资料，分析对比了 20 世纪 90 年代前和 90 年代至 21 世纪初期华北平原的气象灾害发生情况，并重点分析了干旱强度和干旱频率及其空间变化特征。杜晓燕等选择天津地区作为研究对象，以旱灾的脆弱性为主体，选取了自然和社会经济中的八项相关指标，利用聚类分析和 MapInfo 工具划分了天津旱灾脆弱性的轻重地区，对天津旱灾的脆弱性做出了全面评价。吕继强等根据 1952—2004 年西北干旱区降水资料，形成了各指标的时间序列，并通过数据分析和突变检测分析了宝鸡市 53 年间降水的变化规律及干旱变化特征；针对降水序列变化特征建立门限自回归模型。

（二）农业干旱与农业干旱灾害风险评估

农业干旱是一种反复出现、无结构化的自然灾害，在全球范围内，几乎所有土地上都发生过不同程度的农业干旱，其结果往往是造成农作物产量大幅度缩减甚至绝收，给各地经济带来了巨大的损失。美国国家干旱减灾中心的 Wilhite 等将农业干旱风险定义为：农业系统在外部致灾因子影响下，由于自身抵抗干旱能力较弱而导致自身遭受干旱损失的可能性。国内学者史培军等认为农业干旱风险是一种可能性概率，具体是指当一个地区的农业受到了干旱灾害，且农业生产、农民生活蒙受旱灾后造成损失的可能性概率；唐明等认为旱灾风险应当包含两层含义：第一层含义是属于自然的范畴，是指自然条件下发生干旱的可能性有多大，通俗来讲是指干旱强度的概率大小；第二层含义属于社会经济的范畴，则是指通过与孕灾环境和承灾体的相互作用后，干旱事件导致承灾体本身受到损失的可能的大小，即旱灾损失的概率大小。何斌等对干旱风险的看法与 Kuntson 等基本相同，认为农业干旱风险是由干旱强度、干旱频率与农业方面的社会、经济、环境的脆弱性之间的相互作用产生的。一般而言，农业干旱灾害由 4 个因素决定，包括农业干旱灾害的危险性、农业干旱灾害的暴露性（承灾体）、承灾体的脆弱性（易损性）以及防灾减灾能力。顾颖等认为对农业干旱事件进行识别、对旱灾可能损失进行估算以及对农业干旱风险进行评价是农业干旱风险分析 3 个相互联系的主要技术环节。农业干旱灾害风险是由干旱引起农作物受损进而造成减产和损失的一种可能性。

19 世纪末，西方的经济学者首先在经济领域提出了风险（risk）这一词。风险在经济领域被定义为从事某项活动的结果的不确定性（uncertainty），其中活动的结果包含损失、盈利、无损失也无盈利三种情况。后来随着对自然灾害研究越来越多，风险逐渐被引入了自然灾害这一领域。国际地质科学联合会（International Union of Geological Sciences，IUGS）滑坡研究组风险评价委员对风险定义为风险对环境、健康、财产等方面的不利影响的概率以及可能出现的后果的严重性。灾害风险是特定地区在特定的时间内由于灾害的打击所造成的人员伤亡、财产破坏和经济活动中断的预期损失。1994 年 Blakie 等指出致灾因子是引起灾害的先决条件，承灾体的脆弱性是其承受灾害的主要原因，风险与脆弱性之间作用之后就产生了灾害。

中国自然灾害研究中通常认为灾害风险是灾害活动发生后，人类的生命、财产等受到灾害损失的可能性的大小，它的分布特征服从于统计规律中的概率分布，所以被称为概率风险，自然灾害风险评估就是对自然灾害造成的风险损失进行分析。旱灾风险属于自然灾害风险的一种，因此它本身就具有自然灾害的一般属性。从 20 世纪 80 年代初开始，灾害学家们就开始关注灾害的形成机制和评价理论，目前关于灾害的形成机制理论主要有"致灾因子论""孕灾环境论""承载体论""区域灾害系统理论"；关于灾害的评价理论主要有"二因子说""三因子说"和"四因子说"。农业干旱灾害风险评估是根据干旱灾害区的灾害危险性、承载体的价值及防灾减灾力度对干旱致灾强度、损失进行综合评价，其主要任务是分析评估干旱灾害发生的可能性和可能的损失程度，找出旱灾风险的形成原因，为防灾减灾工作提供科学的依据。干旱灾害评估是利用干旱强度、规模、损失、影响等构建灾害评估模型，并进行评估和分析。

农业干旱灾害风险评估的核心内容包括对干旱灾害的风险进行识别，对干旱灾害风险值进行估算以及对估算结果进行分析。由于农业干旱灾害涉及气象、农业、水文和社会经济等不同的因素，每个因素对干旱有着不同的影响，因此干旱形成机制比较复杂，这就要求对干旱的识别在干旱评估中研究的最多。国内外采用的干旱灾害识别指标很多，归纳起来可以分为单因子指标和多因子指标两类。有人致力于降水距平百分率指标、SPI 指标、Z 指标等单因子指标的研究；而有些学者则致力于以降水量为主，兼顾其他诸气象要素构建的新的多因子指标的研究。有些国外学者对农业灾害风险评估的理解为将可能性和不利作用大小混合的测算方法。中国大部分学者将数理统计分析的方法应用在农业干旱风险的评估及模型建立中，刘荣华等利用冬小麦产量的实际灾损数据，计算出减产率、风险发生概率、产量的变异系数等进行分析对比，构建了华北平原冬小麦干旱产量灾损风险评估模型并对实际灾损风险进行区划；雪昌颖、霍治国等主要依据风险理论，采用风险评估的技术方法，计算了冬小麦产量灾损的风险；张超从自然、社会经济两个层面选取指标，利用层次分析法分配权重，并用 Arcgis 技术对京津冀地区进行风险区分；李世奎等从灾害风险分析的角度出发，建立了一个多灾害的组合式的风险评估体系，利用此体系估算了各种灾害的强度、灾损发生的概率和综合风险指数，并对研究区进行了风险等级划分。20 世纪中期，在农业干旱灾害领域对风险的研究才开始逐渐流行起来。到 20 世纪 90 年代末，系统的自然灾害风险概念才在国内出现，农业旱灾风险由此产生。自然降水的影响在国际上是被用来研究旱灾风险最多的因素，国际上认为自然降水不足是干旱的直接原因，通过观察自然降水变异的统计资料来研究农业干旱。目前，国内农业干旱风险研究在自然灾害风险理论与方法不断发展的基础上取得了很大的进步，对农业干旱风险的研究在内容和方法上都逐渐由简单的单一研究转变为复杂的综合研究。由于农业干旱自身形成复杂及发展缓慢的特点，且农业干旱灾害的产生是由多种因素综合作用的结果，旱灾发生的概率和强度受任一元素的影响，国内尚未确定可供普遍应用风险分析的指数。作为农业干旱风险管理的重要环节，农业干旱风险评估不仅验证了风险监测与预警的准确性，更对减灾抗灾对策是否有效进行了验证，同时也指明了进一步的工作目标和方向。我国对干旱的研究主要在气象干旱方面，在农作物方面的研究较少，随着近年来对干旱的研究逐渐加深，农作物方面的研究成果越来越多，但将作物、社会、气象、水文等结合起来进行综合研究还是相对较少的。

（三）农业干旱指标

农业的干旱程度严重制约着我国农业的生产，因此筛选准确的干旱指标，建立合理的农业干旱风险评价指标体系，准确地对农业干旱灾害进行监测、评估、预报，才能够有效地减少我国旱灾粮食损失、资源不合理开发利用等。农业干旱主要受自然因素和人为因素两方面共同的影响，农业干旱指标也主要包括自然因素指标和社会因素指标。自然因素包括气象条件、水文条件、地形地貌等。人为因素包括农作物布局、耕作制度等。农业干旱指标一般分为两类：传统农业干旱监测指标和干旱遥感监测指标。干旱遥感监测指标是新流行的监测指标，根据不同地区植被情况不同分为三类：基于裸露地表的干旱遥感监测指标、基于部分植被覆盖地表的干旱遥感监测指标、基于全植被覆盖地表的干旱遥感监测指标。

1. 传统农业干旱监测指标

（1）基于降水量的监测指标。降水是农作物主要的直接水分来源，农业的干旱程度与降水密切相关。干旱及半干旱区域地区的农作物产量主要受降水量的影响。在灌溉水平较弱且地下水资源贫乏的干旱地区，降水的多少能够直接表示农业干旱的强弱程度，如降水距平百分率、连续无雨日等。McKee T 等在研究降水与土壤水、径流量等的差异时，建立了标准化降水指数（standardized precipitation index，SPI），利用概率密度求出累计概率，对累计概率进行标准化处理，大大降低了研究结果受降水的时空分布差异的影响，与传统的降水距平百分率方法相比更具有优越性，能反映不同时空降水量与水资源之间的关系。Nalbantis I 等结合十分位数在 SPI 基础上提出了综合干旱指标 RDI（reconnaissance drought index），运用该指标研究了希腊两河流域的干旱情况，结果表明复杂多变的环境中 RDI 的实用性较好。

（2）基于土壤水分的监测指标。农业干旱的程度主要由土壤水分的匮乏情况直接决定。当前的农业干旱研究主要是先选取干旱监测指标，然后利用水量平衡原理，建立土壤、大气、植物之间的土壤水分监测模型。土壤水分监测指标是农业干旱中应用比较广泛且相对比较成熟的干旱指标。由于作物各生长阶段的需水量不同，土壤水分对作物生长的影响也不断变化，必须了解作物在不同的生长阶段的土壤水分下限后才可以使用。

（3）基于作物需水量的监测指标。作物需水量是指作物为了自身的生长消耗在棵间蒸发和作物蒸腾的总水量。随着作物生理特征的变化，需水量也在不断变化，因此根据作物的生长，需要运用最优分割理论建立一个用来反映干旱程度的作物需水量旱情监测指标，指该标可以直观地反映作物水分供应亏缺状况。

在农业干旱监测中经常使用的作物需水量指标有作物供水量与需水量之比、农作物亏盈水量指标等。作物湿度指标（crop moisture index，CMI）是当前应用最广泛的干旱测定指标，该指标在 1968 年由 Palmer W C 在 PDSI 的基础上提出的，因该指标考虑的因素比较广泛，故在国内外被普遍地运用到农业干旱评估中。

2. 干旱遥感监测指标

（1）基于裸露地表的干旱遥感监测指标。基于裸露地表的干旱遥感指标，主要包括热惯量指标和微波遥感监测指标。热惯量是反映物质在温度变化下热反应的一种量度，用来表征物质和周围环境相互交换能量的能力。Waston 最早应用了热惯量模型。Price Kahle A B 在热量平衡理论和热传导方程的基础上对原有的土壤热惯量模型进行了改进，并提出了表观热惯量法（ATI）。20世纪 70 年代初，国外一些学者发现微波遥感可以克服传统测量方法易受天气影响的缺点，后来被广泛应用感到干旱遥感监测中，这就形成了用微波遥感进行土壤湿度监测的农业干旱指标，随后成为农业干旱监测的常用指标之一。

（2）基于部分植被覆盖地表的干旱遥感监测指标。该指标主要包括条件植被温度指数 VTCI 和温度植被指数 TVDI。条件植被温度指数是一种综合了植被指数和地表温度的干旱监测指标，该指标既考虑了区域内 NDVI 的变化，同时也强调了 NDVI 值相同时地表温度 LST 的变化情况。该指标解决了在干旱发生时，由于时空变异引起的参数稳定的变化问题，在我国的河南、山西、内蒙古等地区的农业干旱监测中得到了普遍应用；温度植被指数 TVDI 是 Sandholt 等在利用地表温度或植被指数进行干旱监测时，由于干旱引起水分胁迫的反映不够敏感提出来的。研究发现，在干旱监测中综合地表温度和植被指数可以有效地消除土壤的影响，尤其在植被不完全覆盖的地区可以取得比较理想的效果。

（3）基于全植被覆盖地表的干旱遥感监测指标。该指标主要包括距平植被指数，该指数主要用某地区某时间段的植被指数 $NDVI$ 与该地区多年平均植被指数 $\overline{NDVI}$ 之差来判断该地区植被的生长情况，利用植被的生长形态特征来判断其是否受旱及受旱的程度；在距平植被指数的发展基础上出现了标准植被指数，该指数是将某地区植被指数 $NDVI$ 相对于 $\overline{NDVI}$ 的离散程度进行归一化得到的；由于获得距平植被指数 AVI 和标准植被指数 SVI 需要大量连续的遥感资料，并且不能有效地监测干旱动态变化，Kogan 在 1990 年改进后得到植被状态指数 VCI；Moran 等在 Jackson 以能量平衡为基础提出的作物缺水指数的基础上提出了水分亏缺指数。

（四）基于干旱胁迫的调亏灌溉理论和干旱胁迫后复水补偿效应

水资源的匮乏随着经济和社会的发展逐渐被人们关注，如何用有限的灌溉水去解决农业干旱问题已然成为一个科学热点。调亏灌溉的理论基础完全不同于充分灌溉与限水灌溉，它是根据作物的遗传和生态特性，在作物生长发育的某一适当阶段，人为主动地对其施加一定程度的水分胁迫，以影响作物的生理和生化过程。国外调亏灌溉研究较为广泛，澳大利亚和日本许多学者通过大量的试验研究分析了调亏灌溉对果树和蔬菜的生长和品质的影响，最终得出这样的结论：调亏灌溉能够使果实内糖分、有机酸、维生素 C 等可溶性固形物含量得到提升，合理的水分胁迫可促进糖分向果实转移，提高果实内可溶性固形物含量，改善水果和蔬菜的口味和品质。国外的大量大田试验研究表明，在作物的某个生育期进行干旱胁迫能够在保证作物产量的同时提高作物的水分利用效率。进入 21 世纪，水肥耦合交互作用对作物产量的影响逐渐成为新的课题，国外就调亏灌溉条件下作物水肥高效利用的机理进行了大量的研究。通过研究马铃薯光合作用灌水频率和氮肥的响应机理，得出这样的结论：适当降低灌水频率和施氮，反而有利于马铃薯光合作用和根茎的生长。在小麦苗期进行调亏灌溉，作物对氮素的吸收能力降低，在生长中期复水后，小麦对氮素的吸收有强烈的补偿效应。

国内的调亏灌溉研究始于 20 世纪 80 年代，研究试材依然是果树。90 年代，调亏灌溉研究把主要对象转移到粮食作物，康绍忠等研究了调亏灌溉对玉米生长发育、生理指标及水分利用效率的影响。2004 年通过小麦的调亏灌溉研究发现，调亏灌溉不仅可以达到节水目的，而且合理的水分控制还促进了作物产量的增长。还有一些地区也开展了调亏灌溉试验。试验研究发现，通过在苗期对小麦进行水分胁迫，而在关键需水生育期使小麦得到充足的供水，则可保证高产和节水的高度统一。一些研究结果显示，在小麦前期对其进行水分胁迫处理，直至开花期复水，小麦茎秆伸长，株高和叶面积明显增大，干物质积累量显著增加，中度水分胁迫后充分供水，其生物量和产量均明显高于对照。这为作物生长发育对干旱胁迫响应研究向着多学科、多层次的发展和实施提供了理论依据。

　　大量研究证明，水分胁迫并非完全为负效应。从半干旱地区不同作物种类对多变、低水环境的生理生态适应性的大量实验中研究得出，作物在经受适度干旱后普遍存在着补偿效应，在其他条件不改变的情况下，作物在节约大量用水的同时，可以提高产量或保持不减产。一般作物在水分胁迫时产生补偿效应的类型可以分为生长补偿、生理生化补偿、光合补偿、产量补偿等。作物在复水条件下产生的补偿生长主要表现在根系的生长、株高及叶面积的增大等生长指标。本次研究以玉米品种陕单 9 号为材，研究了拔节期干旱复水后对玉米生长的影响。研究表明，苗期受旱程度不同的作物拔节期复水后，其株高、单株叶面积及生物量等都超过相应的干旱对照，表现出明显的补偿生长效应。对夏玉米苗期水分胁迫拔节期复水进行了试验研究，结果表明，复水增加了夏玉米叶片气孔导度和光合速率，提高了叶片水平上的水分利用效率 WUE。复水 2～3 天后，叶片气孔导度和光合速率恢复到接近对照水平，部分时段，特别在下午，复水处理甚至会表现出高于对照的"反冲"现象。

（五）干旱胁迫对小麦和玉米的影响

　　水分对作物的影响以及作物对水分的响应是十分复杂的，国内外的一些研究已经取得了一定的成果。岳文俊等研究表明了拔节期水分胁迫程度与盆栽小麦的生长发育和产量的联系；高志红和孟兆江等研究证明水分胁迫对作物生长发育的影响并非全是负面的，在某个特定的生育时期对作物进行合理的水分胁迫，复水后作物生长和产量均会出现一定的补偿效应且对作物水分利用效率产生有利影响；部分研究认为干旱显著影响小麦产量且与其水分胁迫程度相关，复水后的产量补偿效应与生育期的不同存在差异。陈云昭研究发现干物质积累和蒸腾作用的比率与每天的蒸发势的倒数成比例关系；水分胁迫下小麦幼苗叶和根的呼吸速率变化模式不同，叶片呼吸在胁迫初期升高，然后随相对含水量进一步递减而急剧下降；根的呼吸速率随相对含水量的降低指数下降。水分的多少是影响小麦品质的重要因素。

　　由于全球气候变化和人类活动的加剧，水分亏缺已成为限制农业可持续发展的瓶颈。对玉米的大量研究显示：水分胁迫能够显著抑制作物的营养生长、作物的株高、叶面积、干物质累积，下降程度与胁迫程度有关。Michelena 等指出，在干旱条件下，玉米幼苗叶片的生长速率显著受抑。不同时期水分胁迫对玉米的株高生长、叶片扩展和干物重的增长均有抑制作用。王晨阳研究指出土壤干旱能够使玉米的茎、叶生长受抑，降低株高和叶面积系数。王密侠等通过桶栽玉米的研究表明，玉米苗期水分胁迫可抑制株高生长、叶片扩展。大部分研究主要集中于水分胁迫的负面影响上，认为水分胁迫在减少水分消耗的同时，必然导致作物生长发育的抑制和产量降低。吴泽新等通过防雨棚下田间试验揭示了不同生育期干旱胁迫对鲁西北玉米生长发育和产量的影响；继瑞鹏等田间池栽试验认为东北玉米的产量变化与受旱生育阶段密切相关。作物的光合特性、根冠和产量对干旱的响应最为直接，大量水分胁迫试验研究揭示了玉米叶片的气孔导度、净光合速率和叶绿素荧光与受旱程度和生育期之间的关系；一些水分胁迫研究认为，干旱显著影响作物的根冠比且与其水分胁迫程度相关，复水后的根冠补偿效应与生育期的不同存在差异；米娜等通过田间试验认为干旱程度能够定量表示土壤干旱状况，与玉米减产率存在定量关系，可以通过计算干旱程度来预测玉米的减产情况。

早期人们对作物抗旱性的研究主要注重形态结构方面。一般认为抗旱形态结构指标主要包括叶面积、株高、有效分蘖数等。一些研究通过运用盆栽试验初步研究了不同土壤水分胁迫下冬小麦幼苗生长指标和生理指标的变化情况。结果表明，幼苗株高、叶面积、叶干重、茎干重、根干重均随土壤水分的减少而呈降低趋势。在水分胁迫的条件下，作物通过自身器官之间的调节来应对外界环境变化所造成的不利影响，以适应复杂多变的水文环境。早期的大量研究认为，水分胁迫对光合作用的影响主要是由于气孔的开闭程度影响了作物的光和速率。然而最近的大量实验研究结果显示，影响作物光合作用的不只有气孔因素，还存在着一些非气孔因素，导致植物体内生物酶含量降低、激素失调，造成光合速率下降。Farquhar 等认为检验气孔导度限制是否为光合速率下降的原因需要考虑气孔导度的大小和胞间 CO_2 浓度的变化；Bonyor 发现干旱造成叶片气孔关闭并引起光合速率下降。普遍情况表明，轻度水分胁迫条件下，气孔因素是导致光合速率下降的主要因素，中度和重度水分胁迫条件下，非气孔性因素是造成植株光合速率下降的主要因素。有研究指出，植株绿叶不同部位的光合速率对水分胁迫的响应也不相同，下部叶片的光合速率受水分胁迫的影响明显大于上部叶片。影响植株生长发育的主要因素是水分胁迫条件下植株呼吸作用产生的 CO_2 和光合作用需求 CO_2 之间的供需平衡遭到了破坏，导致光合速率下降。还有一些研究显示光合速率下降的趋势和水分胁迫程度成正相关。从大量的试验结果来看，作物产量与灌溉用水的多少成正比，但当作物的产量达到某个值时，即使继续增加作物的灌溉用水，作物产量将不会继续增大，甚至会出现下降趋势。有关灌溉用水与产量之间的变化关系有两种截然不同的认识：传统灌溉认为，作物的整个生育阶段任一生育时期对作物进行水分胁迫都必然会使产量减少，要想获取作物的高产必须要保证整个生育阶段水分供应充足；近年来的研究结果则显示，在作物的某个生育阶段进行合理的水分胁迫能够实现节水和高产的高度统一。对比两种观点，第二种观点对指导农业生产和农业高效用水有重要的实践意义。大量试验研究表明：冬小麦产量在不同生育阶段充分供水会产生不同的影响，返青期充分供水能够显著增加小麦的有效穗数，拔节期充分供水则可显著使小麦穗长增大，有效提升小麦穗粒数，孕穗开花期充分供水则对小麦千粒质量的增加有显著成效，然而灌浆期充分供水却能够显著降低小麦千粒质量。对农作物需水来说，通常从三个方面来计算水分利用状况：一是用于作物生长发育的总耗水量，也是人们普遍所指的水分利用效率；二是灌溉水利用效率，它对确定最佳灌溉定额是不可或缺的；三是降雨利用效率，它是旱地节水农业中的重要指标。传统的丰水高产灌溉理论认为，要保持作物处于最佳的水分状态，必须要在整个生育阶段内对作物进行充分灌溉，才能使作物收获最高产量，但从经济学角度来讲，产量获得最高情况下作物的需水量常常不是最经济的，只有当投入的灌溉水量所增加的产量边际效益大于增加需水量的边际费用时，这时的水分利用效率才是最佳的。刘增进等运用最小二乘法拟合冬小麦水分利用函数，建立了冬小麦最佳灌溉制度动态模型。王淑芬等研究了冬小麦根系分布、产量及水分利用效率对不同供水条件的响应规律，为优化华北地区小麦的灌溉制度提供了理论支撑。翟丙年等通过在不同生育期和不同水分胁迫程度施氮肥研究对玉米水分利用效率的影响，认为拔节期是水分高效配合的关键生育期。

尽管有关水分胁迫对作物生长指标和生理特性的研究已经很多，但是由于水分胁迫程度不同、区域水文环境不同、作物种类不同等客观因素存在，部分研究间存在许多不足之处甚至还有矛盾。目前研究依然存在以下主要问题：

（1）大量试验研究结果都说明，作物在经受适度水分胁迫复水后存在着一定的补偿效应，在相同的实验条件情况下，能够到达节约用水和提高产量的统一。水分胁迫程度对复水补偿效应的影响有多大还是无法明确揭示。

（2）对区域农业干旱的中长期预报大多停留在时间序列分析层面，尚缺乏基于物理机制的预报模型研究，河南作为国家粮食主产区，在农业干旱研究方面，至今为止尚缺乏既从区域层面又考虑田间尺度的系统、深入的研究。因此，基于田间尺度的实时动态旱情预报模型和农作物不同生长阶段受旱程度对粮食减产的预报问题亟待深入研究，这个问题也是农业水资源高效利用领域的重要科学问题之一。

（3）关于干旱胁迫下引起产量降低的问题已有大量研究，但作物各生长阶段水分亏缺状况对产量损失的影响程度到底有多大并未揭示。本书将以河南粮食主产区为研究对象，针对冬小麦和夏玉米各生长阶段水分亏缺状况对产量损失的影响展开深入研究，为干旱灾害管理和保障粮食安全提供重要参考。

（六）干旱预测机理

干旱的发生有着多种时间尺度，例如旬、月、季节、年、多年等；也拥有着不同的空间尺度，如区域、地区、省、大陆甚至全球。而且干旱成因的多元性与复杂性，使干旱预测对于气象学家、水文学家和其他相关专业的学者一直是个巨大的挑战。现如今对干旱所采用预测方法多样，在不同方面各有优劣，本节将现如今国内外预测干旱机理与预测因子和一些具有代表性的方法加以介绍。干旱预测研究的目标是通过充分利用可预测性的来源来提高我们对干旱物理机制的理解并提高对干旱的预测能力。

海温异常是常用的干旱预测因子，厄尔尼诺效应便是太平洋东部和中部的热带海洋的海温异常所引起的。简单来说，海温异常会对大气的对流活动产生影响，从而使大气的环流状态发生改变。大气的环流状态发生改变，会对全球很多区域的降水产生影响，太平洋海温异常对我国、东南亚、美洲等的降水有着极大影响。西印度洋的海温异常对我国东部的降水的影响也比较明显。郑光分、王素艳等运用1981—2014年太平洋与印度洋的海温，对宁夏1981—2014年5—9月的降水量进行了预测，预测期限为2个月。王蕾、张人禾运用不同区域海温构建集成预测模型，对我国夏季降水进行了预测，结果表明，此模型不仅可以提高预测的准确性，而且可以反映不同区域海温对降雨预测的影响程度。类似于海温异常，南方涛动指数、太平洋年代际震荡、大气环流因子也常被作为预测因子对干旱进行预测。在各个研究领域中，人们通常会对一系列的历史数据进行归纳研究，该系列的数据按照时间先后顺序进行排列所组成的动态数列，叫作时间序列，时间序列中必然隐藏着数值变换规律，时间序列分析的目的就是对时间序列进行挖掘，揭露其背后蕴藏的奥秘。

将水文-气象时间序列如降水、气温等作为预测因子，比将海温异常和大气环流因子等作为预测因子来预测干旱更为普遍。这是因为海温异常与天气环流因子等预测因子适合用于空间尺度相对较大的区域，且预测期较短，相对于时间序列来说，它不如时间序列灵活。时间序列分析，预测起源于混沌学，混沌中蕴含隐藏的规律与随机性，现如今计算机飞速发展，大大加快了混沌学的发展速度，使混沌系统中的确定性通过海量数据的计算揭露出来，使时间序列预测的精度大大提高，将以往的不可预测转变为可能。现如今，用时间序列对干旱进行预测成绩斐然，相信通过数学模型的不断创新、发展，对时间序列更深层次地分析与挖掘，将会使人们更全面、更深刻地了解干旱，使人们预测干旱的水平进一步提高。

第二章　河南省干旱成因

一、研究方法

（一）基本资料来源

本书的研究数据来自河南省 20 多个气象站 1963—2012 年的基本气象资料以及自然灾害数据库，选取代表河南省的郑州、三门峡、商丘、南阳、新乡等典型站点数据。

（二）干旱指标与数据分析技术

本书研究所用气象干旱指标与气象干旱指标等级划分标准均使用中华人民共和国国家标准《气象干旱等级》（GB/T 20481—2006）。

1. 降水量距平百分率气象干旱等级

降水量距平百分率是一种常见的气象干旱分析指标，主要涉及的气象、水文要素为日降水量，一般用来分析某一时段的降水量与常年值间的差距。降水量距平百分率能够较为直观地反映出由降水异常引起的干旱。若某时段降水距平为负值，且数值较大，该地区发生干旱的概率就越大。某时段降水距平百分率 P_a 按下式计算：

$$P_a = \frac{P - \overline{P}}{P} \times 100\% \qquad (2-1)$$

式中　P——某时段的降水量，mm；

　　　$\overline{P}$——该时段同期的平均降水量，mm。

$$\overline{P} = \frac{1}{n} \sum_{i=1}^{n} P_i \qquad (2-2)$$

其中，n 为 1～50 年。

GB/T 20481—2006 中降水距平百分率气象干旱等级划分表见表 2-1。

表 2-1　　　　　　　　　降水距平百分率气象干旱等级划分表

等级	类型	降水距平百分率/%	
		月尺度	年尺度
1	无旱	$-40 < P_a$	$-15 < P_a$
2	轻旱	$-60 < P_a \leqslant -40$	$-30 < P_a \leqslant -15$

等级	类型	降水距平百分率/%	
		月尺度	年尺度
3	中旱	$-80 < P_a \leqslant -60$	$-40 < P_a \leqslant -30$
4	重旱	$-95 < P_a \leqslant -80$	$-45 < P_a \leqslant -40$
5	特旱	$P_a \leqslant -95$	$P_a \leqslant -45$

2. 相对湿润指数 M

相对湿润度指数主要涉及的气象要素为同时段的降水量和气温。该指数适用于分析某时段降水量与蒸发量之间的关系，所以对农业干旱分析有一定助益。相对湿润指数绝对值越大，洪涝或干旱成灾几率越大。相对湿润度指数的计算式为

$$M = \frac{P - PE}{PE} \qquad (2-3)$$

式中　P——某时段的降水量，mm；

　　　PE——某时段的可能蒸散量，mm。

可能蒸散量用计算该值的经验公式 Thornthwaite 方法计算，以月平均温度和日照长度为主要依据。计算方法为

$$PE_m = 16.0 \left(\frac{10T_i}{H} \right)^A \qquad (2-4)$$

式中　PE_m——月可能蒸散量，mm/月；

　　　T_i——月平均气温，℃；

　　　H——年热量指数；

　　　A——常数。

月热量指数 H_i 由下式计算：

$$H_i = \left(\frac{T_i}{5} \right)^{1.514} \qquad (2-5)$$

年热量指数 H 由下式计算：

$$H = \sum_{i=1}^{12} H_i = \sum_{i=1}^{12} \left(\frac{T_i}{5} \right)^{1.514} \qquad (2-6)$$

常数 A 由下式计算：

$$A = 6.75 \times 10^{-7} H^3 - 7.71 \times 10^{-5} H^2 + 1.792 \times 10^{-2} H + 0.49$$

当月平均气温 $T_i \leqslant 0$℃时，月热量指数 $H_i = 0$，月可能蒸散量 $PE_m = 0$。

表 2-2 为 GB/T 20481—2006 中相对湿润度气象干旱等级划分表。

表 2 - 2　　　　　　　　　　　　　相对湿润度气象干旱等级划分表

等　级	类　型	相对湿润度
1	无旱	$-0.40 < M$
2	轻旱	$-0.65 < M \leqslant -0.40$
3	中旱	$-0.80 < M \leqslant -0.65$
4	重旱	$-0.95 < M \leqslant -0.80$
5	特旱	$M \leqslant -0.95$

3. 标准化降水指数 SPI

标准化降水指数是一种描述某时段降水量出现多少的概率的指标，一般适用于月、季、年该地区与往年同比时段气候情况比较的干旱评估。在进行某降水分析和对该时段干旱地监测评估中，由于降水的分布一般不会是正态分布，所以采用 Γ 分布概率来描述降水量的变化。标准化降水指数的计算步骤是：首先计算需求时段的降水量的 Γ 分布概率；然后对其进行正态标准化处理；最终用标准化降水累计频率分布来划分干旱等级。标准化降水指数 SPI 的计算步骤如下。

假设某时段降水量为 x，则 x 的 Γ 分布的概率密度函数如下：

$$f(x) = \frac{1}{\beta^{\gamma} \Gamma(x)} x^{\gamma-1} e^{-x/\beta}, x > 0 \qquad (2-7)$$

其中，β、γ 分别为尺度和形状参数，$\beta > 0$，$\gamma > 0$。β 和 γ 可用极大似然估计方法求得：

$$\hat{\gamma} = \frac{1 + \sqrt{1 + 4A/3}}{4A}$$

$$\hat{\beta} = \overline{x} / \hat{\gamma}$$

$$A = \lg \overline{x} - \frac{1}{n} \sum_{i=1}^{n} \lg x_i \qquad (2-8)$$

式中　x_i——降水量；

$\overline{x}$——降水量平均值。

确定参数后，对于该时段的降水量 x_0，可求出 x 小于 x_0 事件的概率为

$$F(x < x_0) = \int_0^{\infty} f(x) \mathrm{d}x \qquad (2-9)$$

利用数值积分可以计算事件概率近似估计值。

降水量为 0 时的事件概率由式（2-10）估计：

$$F(x = 0) = \frac{m}{n} \qquad (2-10)$$

式中 m——降水量为 0 的样本数;

n——总样本数。

对 Γ 分布概率进行正态标准化处理,即将求得的概率值代入标准化正态分布函数:

$$F(x < x_0) = \frac{1}{\sqrt{2\pi}} \int_0^\infty e^{-Z^2/2} dx \qquad (2-11)$$

对式(2-11)进行近似求解可得

$$Z = S \frac{t - (c_2 t + c_1)t + c_0}{[(d_3 t + d_2)t + d_1]t + 1.0} \qquad (2-12)$$

式中,$t = \sqrt{\ln \frac{1}{F^2}}$;$F$ 为求得的概率,并且当 $F > 0.5$ 时,$S = 1$,当 $F \leqslant 0.5$ 时,$S = -1$;$c_0 = 2.515517$;$c_1 = 0.802853$;$c_2 = 0.010328$;$d_1 = 1.432788$;$d_2 = 0.189269$;$d_3 = 0.001308$。

由式(2-12)求得的 Z 值就是此标准化降水指数 SPI。

表 2-3 为 GB/T 20481—2006 中标准化降水指数干旱等级划分表。

表 2-3　　　　　　　　　　标准化降水指数干旱等级划分表

等级	类型	SPI 值
1	无旱	$-0.5 < SPI$
2	轻旱	$-1.0 < SPI \leqslant -0.5$
3	中旱	$-1.5 < SPI \leqslant -1.0$
4	重旱	$-2.0 < SPI \leqslant -1.5$
5	特旱	$SPI \leqslant -2.0$

4. 综合气象干旱指数（CI）

综合气象干旱指数的主要依据是月标准化降水指数（30 天）、季标准化降水指数（90 天）与月相对湿润度指数（30 天）。这三项指标的权重和即为综合气象干旱指数。综合气象干旱指数既反映了两种长短不一的时间段中降水量的异常情况,又反映了短时间内水分的亏欠情况。所以,该指标既适用于实时气象干旱的监测,又适用于历史同期气象干旱的评估;既能描述气象干旱程度,又能一定程度上描述农业干旱受气象干旱影响的程度。该指数的计算方法见下式:

$$CI = aZ_{30} + bZ_{90} + cM_{30} \qquad (2-13)$$

式中 Z_{30}、Z_{90}——分别为近 30 天和近 90 天标准化降水指数 SPI;

M_{30}——近 30 天相对湿润度系数;

a——近 30 天标准化降水系数,平均取 0.4;

b——近 90 天标准化降水系数，平均取 0.4；

c——近 30 天相对湿润系数，平均取 0.8。

利用前期平均气温、降水量可以计算出综合气象干旱指数 *CI*，进行干旱监测。

表 2-4 为 GB/T 20481—2006 中综合气象干旱指数等级划分表。

表 2-4　　　　　　　　综合气象干旱指数等级划分表

等　级	类　型	*CI* 值
1	无旱	$-0.6 < CI$
2	轻旱	$-1.2 < CI \leqslant -0.6$
3	中旱	$-1.8 < CI \leqslant -1.2$
4	重旱	$-2.4 < CI \leqslant -1.8$
5	特旱	$CI \leqslant -2.4$

（三）研究方法

本书研究课题是一个涉及社会、经济、农业、环境、水利、气象等多学科的复杂、庞大的系统工程课题，必须应用现代系统理论、传统数理统计与现代大型计算机软件模拟相结合的手段，借助各方面的专业知识进行综合分析、计算才能解决。具体研究方案如下。

（1）收集资料，建立基础数据库。应用遥感影像、野外调查、水文气象观测相结合的手段，选取研究区域郑州、三门峡、南阳、新乡、商丘等黄淮海流域主要水文站、气象站近 50 年长序列降雨、径流、蒸发、地下水位、气温、下垫面、城市化、农业发展、水利工程、土地利用、覆盖率变化等资料，利用 GIS 技术在空间分析、预测和辅助决策等方面的优势，建立基础数据库，对数据进行存储、分析、管理，供本研究使用。

（2）分析研究区 1963—2012 年近 50 年干旱灾害发生情况，判断其干旱程度。根据历史资料，从农业干旱程度、因旱人畜饮水困难程度、工业缺水程度、环境缺水程度等指标，根据 GB/T 20481—2006 进行干旱程度识别。

（3）分析干旱时空变化特征，揭示干旱演变规律。利用综合气象干旱指数 *CI*，从干旱率、干旱强度和干旱频率等方面，对河南省近 50 年的干旱时空变化特征进行分析，揭示区域干旱演变规律。

（4）研究水文、气象要素演变规律，诊断其变异特征。从自然的角度出发，深入剖析水文气象要素序列在不同时间、空间尺度的信息，采用数理统计、时间序列分析、突变理论和方法，研究典型流域水文气象要素如气温、降水、蒸发、径流、地下水位、库区水位等的时空变异特征，识别实测水文气象序列的变异点和变异程度，并进行各方法计算结果的比较分析。降水、径流、地下水位的时空变异分析采用滑动 T 检验序列分析，利用 MATLAB 运算工具得出各因素的时空变异图，从而找到其变异点。

（5）水文、气象要素时空关联性识别，致灾机理研究。结合致灾成因分析，研究各种方法对不同水文序列变异时间、发生频次等，对各要素的时空关联性进行识别；以定性和定量相结合的方法，从各要素如何影响干旱灾害的发生等方面，分析各要素对干旱灾害形成的贡献率，揭示致灾机理。

（6）揭示冬小麦等主要农作物干旱灾害致灾机理。小麦是河南省主要种植作物，本次研究将根据冬小麦在不同生长阶段水分亏缺所造成的影响以及抗旱补救措施等方面，分别设定田间试验方案。对冬小麦等典型农作物在不同生长阶段的土壤水分状况、水分亏缺量、作物需水状况、干旱持续时间、作物敏感度、植株变化情况与不同缺水条件下作物造成干旱成灾的过程进行观测、分析，同时结合施肥情况等生长环境的变化进行抗灾试验，对试验、观测所得数据进行分析研究，揭示农作物干旱致灾机理和灾变规律。

（7）干旱灾害预测研究。在致灾机理研究的基础上，采用灰色理论，考虑物理成因和时间序列，建立区域干旱灾害的灰色预测模型，对历史典型干旱灾害进行模拟、分析，率定模型参数，并对河南省未来干旱可能发生情况进行预测和分析。

（8）防灾对策研究。结合河南省黄淮海流域的水文、气象、水资源分布特点及农业和经济社会状况，针对不同类型、不同级别、不同阶段的干旱灾害情况，从方式方法、资源环境、经济发展、社会稳定等方面，采用区域干旱灾害的混沌预测模型，制定减灾防灾的最佳方案，研究灾害预防的对策。

二、干旱等级评估

历史上，河南省干旱灾害十分严重。由于其位于中部地区气候过渡地带，降水年际间受季风影响变化大，且季节间分配不均，一年中干旱时间长，干旱区域分布差异大。据统计，河南省全省平均每年旱灾成灾面积达 78.4 万 hm²，约占耕地面积的 11.3%。同时，部分地区如山地等的人畜饮水困难和城市供水不足等问题也逐渐显性化。随着经济增长和社会发展，干旱问题将越来越突出，如何解决干旱将越加重要，应该引起各方高度重视。

21 世纪以后，由于全球气候变化和人类活动的影响，干旱灾害存在进一步发展的风险。需加强重视干旱灾害的偶发性、变化性和难预测性，以避免其成为制约河南省经济社会发展的阻力之一。研究干旱灾害，既要研究当代干旱，又要研究近十年干旱具体情况，才能更好地分析和发现旱灾的特征和规律，从而为防止旱灾提供更科学的依据。为了使干旱规律更有时空特征，本次研究将从历年受灾面积、降水量距平百分率、综合气象干旱指数三个层面评估河南省干旱情况。其中根据河南省地理位置和历年资料完整程度选取五个典型市作为分析对象，分别是郑州、商丘、新乡、南阳和三门峡。分析方法分为 50 年间五市干旱次数分析、干旱频率分析、干旱强度分析三个方面。

（一） 1963—2012 年河南省降水距平百分率干旱等级评估

根据河南省水文站点的历年数据可得出河南省历年干旱在降水距平百分率指标上的表现情况。河南省五个典型市降水距平百分率年干旱次数见表 2 - 5。

表 2 - 5　　　河南省五市 1963—2012 年降水距平百分率年干旱次数　　单位：次

地　区	轻　旱	中　旱	重　旱	特　旱	总　计
郑州	10	5	1	4	20
三门峡	6	1	2	8	17
南阳	5	0	0	7	12
新乡	6	6	0	8	20
商丘	7	2	3	9	21

从干旱发生次数上看，五个典型市 50 年间均有 20 次左右干旱过程发生，干旱年数占 50 年间的 40%。其中南阳市旱情较轻，旱灾年数只有 12 年，占 50 年间的 24%；三门峡市旱灾年数有 17 年，占 50 年间的 34%；郑州和新乡分别旱灾年数为 20 年，占 50 年间的 40%；商丘市发生干旱年数最多，为 21 年，占 50 年间的 42%。

从发生干旱年数特点上看，南阳市总干旱年数较少，但其中特旱发生概率高，一旦干旱，遭遇特旱情况的比率较大，发生特旱概率为 58%。三门峡和南阳发生特旱概率分别为 47% 和 43%。

50 年间五个典型市以降水距平百分率表征的干旱趋势如图 2 - 1～图 2 - 5 所示。

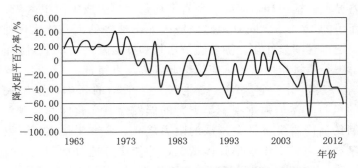

图 2 - 1　郑州 1963—2012 年年降水距平百分率

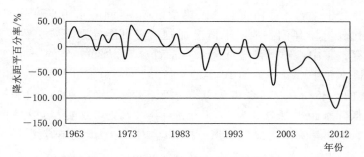

图 2-2　三门峡 1963—2012 年年降水距平百分率

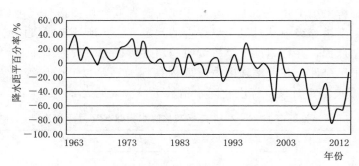

图 2-3　南阳 1963—2012 年年降水距平百分率

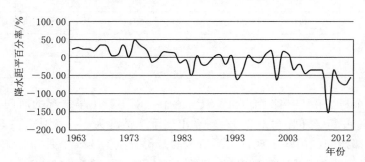

图 2-4　新乡 1963—2012 年年降水距平百分率

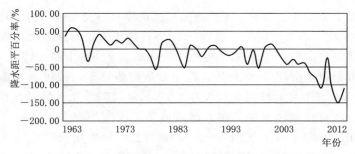

图 2-5　商丘 1963—2012 年年降水距平百分率

从总趋势上来看，河南省各地区典型市50年间降水距平百分率均呈下降趋势。这代表，50年间各地干旱情况加剧，有可能导致旱灾频发，影响人畜生活和生存。其中，郑州市最低降水距平百分率为2006年的－80.3%，三门峡市最低降水距平百分率为2010年的－119.5%，南阳市最低降水距平百分率为2009年的－85.2%，新乡市最低降水距平百分率为2008年的－153.4%，商丘市最低降水距平百分率为2011年的148.3%，五次特旱过程均发生在21世纪以后，加强旱灾防灾减灾意识，提高防灾减灾力度刻不容缓。

（二）1963—2012年河南省标准化降水指数SPI干旱等级评估

本节分析采用1963—2012年50年间河南省五个典型市月尺度的SPI值，并使用气象干旱等级中某时段干旱评价的判定方法：所评价时段内必须至少出现一次干旱过程，并且累计干旱持续时间超过所评价时段的1/4时，则认为该时段发生干旱事件，其干旱强度由时段内指标为轻旱以上干旱等级之和确定。50年间五个典型市月尺度标准化降水指数干旱次数见表2-6。

表2-6　　河南省五市1963—2012年标准化降水指数SPI月干旱次数　　单位：次

地 区	轻 旱	中 旱	重 旱	特 旱	总 计
郑州	51	33	22	23	129
三门峡	54	32	19	22	127
南阳	82	22	31	14	149
新乡	90	33	2	21	146
商丘	42	27	16	29	114

在五个典型市50年间月尺度SPI值中，南阳有干旱情况的时间最多，为149个月，占50年间的24.8%；新乡出现干旱情况为146个月，占50年间的24.3%；郑州和三门峡出现月干旱情况的月份分别为129个月和127个月，分别占50年间的21.5%和21.2%；商丘出现旱情月份最少，为114个月，占50年间的19%。

在各级干旱级别统计中，商丘市虽然出现旱情月份最少，但是特旱次数最多，高达29次，占五市特旱总数的26.6%。相比来说，新乡市出现轻旱次数最多，重旱次数最少。每月SPI指数的趋势见图2-6～图2-10。

郑州市和新乡市50年间标准化降水指数趋势趋平，1986年以前，大概每10年会有邻近2个月的极端天气发生，1986年以后，几乎每隔5年就会有连续2年中2次月极端旱情的出现。郑州市第一次发生在1966年6月（SPI＝－3.61）与1968年10月（SPI＝－2.82）；第二次发生在1976年9月（SPI＝－3.71）与1978年4月（SPI＝－3.56）；第三次发生在1986年9月（SPI＝

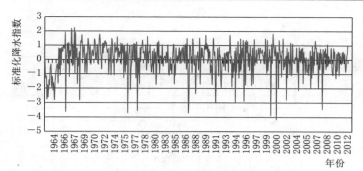

图 2-6 新乡 1963—2012 年月尺度标准化降水指数

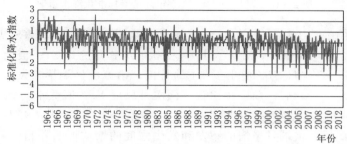

图 2-7 商丘 1963—2012 年月尺度标准化降水指数

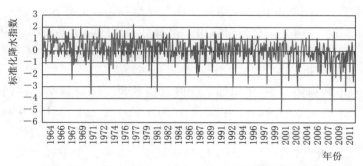

图 2-8 三门峡 1963—2012 年月尺度标准化降水指数

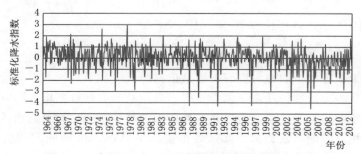

图 2-9 南阳 1963—2012 年月尺度标准化降水指数

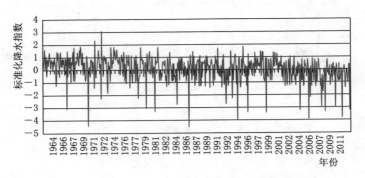

图 2-10 郑州 1963—2012 年月尺度标准化降水指数

−3.68）和 10 月（$SPI=-2.89$）；第四次发生在 2000 年 4 月（$SPI=-3.89$）
与 2001 年 3 月（$SPI=-4.17$），其中，2001 年 3 月的月 SPI 值为 50 年间最
低，也是唯一一次月 SPI 值小于−4 的月份；第五次极端旱情发生在 2008 年
10 月（$SPI=-3.44$）。新乡市出现了两次月尺度 SPI 值低于−4 的极端干旱
情况，分别为 1970 年 5 月（$SPI=-4.43$）和 1986 年 9 月（$SPI=-4.52$）。
进入 21 世纪后，极端月旱情的频发和发生强度的增加说明郑州气象干旱情况
正越加严重，亟待解决。

商丘市 50 年间标准化降水指数呈现下降趋势，表明商丘 1963—2012 年间
干旱情况加剧。从图 2.7 也可以看出，出现月尺度极端干旱情况的频率也越加
趋高。50 年间出现 SPI 值小于−4 的月份共有两次，分别为 1981 年 4 月
（$SPI=-4.35$）和 1984 年 3 月（$SPI=-4.72$）。

三门峡市和南阳市 50 年间标准化降水指数也呈下降趋势。三门峡市月极
端干旱情况出现次数较少，50 年间出现 SPI 值小于−4 的月份共有两次，分
别为 2001 年 3 月（$SPI=-4.35$）和 2009 年 4 月（$SPI=-5.09$），且这两月
为 5 个典型市 50 年间月尺度 SPI 值唯一低于−5 的，干旱强度最大。南阳市
干旱强度相对较小，但干旱频率比较高，月尺度 SPI 值低于−4 的有 4 次，分
别为：1986 年 9 月（$SPI=-4.25$）、1991 年 4 月（$SPI=-4.31$）、1996 年
10 月（$SPI=-4.25$）和 2006 年 5 月（$SPI=-4.53$）。

（三）1963—2012 年河南省相对湿润指数 M 干旱等级评估

气象干旱等级中的相对湿润指数是依据降水量和平均气温来衡量干旱程度
的指标。某些突发性的暴雨降水会使得当日相对湿润指数剧增，影响宏观观察
相对湿润指数趋势的效果，所以在本节所示的趋势图中，均只选用达到轻旱级
别以上的相对湿润指数数据，其余数据暂不予分析。50 年间河南省五个典型
市月尺度相对湿润指数 M 干旱次数见表 2-7。

表 2-7　河南省五市 1963—2012 年相对湿润指数 M 月干旱次数　单位：次

地　区	轻　旱	中　旱	重　旱	特　旱	总　计
郑州	29	21	12	26	88
三门峡	36	18	1	25	80
南阳	31	16	3	18	68
新乡	36	9	3	29	77
商丘	38	18	5	39	100

1963—2012 年 50 年间河南省五个典型市月尺度相对湿润指数气象干旱等级次数呈现两极分化趋势。轻旱与特旱出现次数多，中旱较少，重旱出现次数最少。其中，商丘市月尺度相对湿润指数达到干旱指标的次数最多，且达到特旱指标月份多达 39 次。五市特旱次数占总次数比率高达 30%～40%。特旱次数多，说明发生极端天气的概率大，对人民群众的生命财产安全和地区生态环境产生了一定的影响。1963—2012 年 50 年间河南省五个典型市相对湿润指数趋势图见图 2-11～图 2-15。

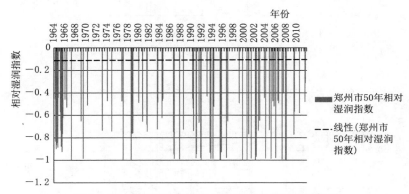

图 2-11　郑州 1963—2012 年月尺度相对湿润指数

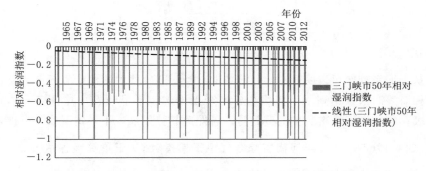

图 2-12　三门峡 1963—2012 年月尺度相对湿润指数

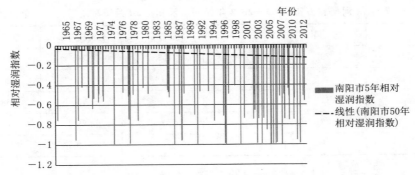

图 2-13 南阳 1963—2012 年月尺度相对湿润指数

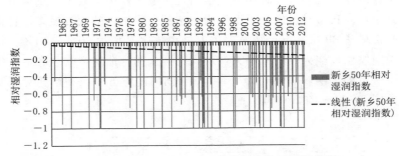

图 2-14 新乡 1963—2012 年月尺度相对湿润指数

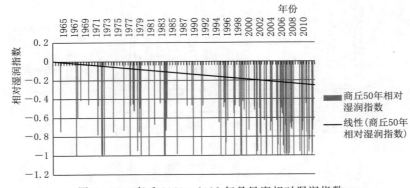

图 2-15 商丘 1963—2012 年月尺度相对湿润指数

从上面系列图可以明显看出：进入 20 世纪 90 年代后，河南省五个典型市月尺度相对湿润指数达到干旱等级指标的密度增加，干旱频发，并且多次达到特旱等级；年发生干旱次数呈上升趋势。若照此趋势发展，干旱情况会越发严重。

（四）1963—2012 年河南省综合气象干旱指数 *CI* 干旱等级评估

综合气象干旱指数是月标准化降水指数（30 天）、季标准化降水指数（90

天）与月相对湿润度指数（30 天）这三项指标的权重和。综合气象干旱指数既反映了两种长短不一的时间段中降水量的异常情况，又反映了短时间内水分的亏欠情况；既适用于实时气象干旱的监测，又适用于历史同期气象干旱的评估；既能描述气象干旱程度，又能一定程度上描述农业干旱受气象干旱影响的程度。根据综合气象干旱指数等级可得到 1963—2012 年 50 年间河南省月尺度干旱发生情况，见表 2-8。

表 2-8　　河南省五市 1963—2012 年综合气象干旱指数 *CI* 月干旱次数　　单位：次

地　区	轻　旱	中　旱	重　旱	特　旱	总　计
郑州	47	37	22	18	124
三门峡	56	26	23	9	114
南阳	58	28	11	13	110
新乡	62	38	16	13	129
商丘	49	31	28	12	120

从 50 年间五地旱情发生总数上看，新乡地区最为严重，其次是郑州市、商丘市，再次是三门峡市和南阳市。旱情发生次数较为平均，无特重灾区。发生特旱等级以上极端天气次数中，郑州市达到最高次数，有 18 次；最少次数为三门峡市，有 9 次；分别占总旱灾次数的 14.5％和 7.9％。对比近 50 年气象干旱综合指数的分析结果与相对湿润度指数、标准化降水指数计算结果可知，气象干旱指数结果数据分布平均，极端量少，总体趋势平稳，与历史旱灾情况更为符合，可以作为与天气预测捆绑的旱灾预测手段加以利用，也更方便于从大方向分析地区旱灾发生情况和走向。标准化降水指数由于考虑因素单一，所以得到的结果两极分化大，次数偏多，它的优点是可以与相对湿润度指数结合起来，找到显著特旱地区并以此地区为重点进行防灾减灾工作，预防旱灾再发生。1963—2012 年 50 年间河南省五个典型市综合气象干旱指数趋势图见图 2-16～图 2-20。

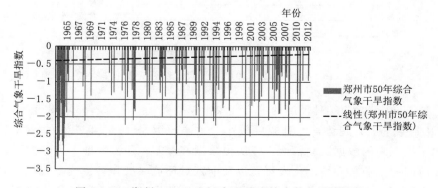

图 2-16　郑州 1963—2012 年月尺度综合气象干旱指数

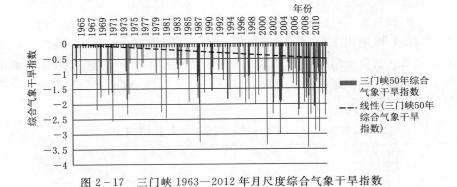

图 2-17　三门峡 1963—2012 年月尺度综合气象干旱指数

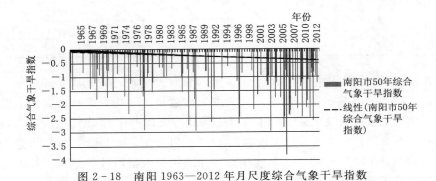

图 2-18　南阳 1963—2012 年月尺度综合气象干旱指数

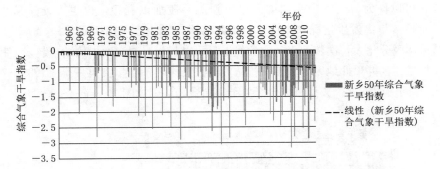

图 2-19　新乡 1963—2012 年月尺度综合气象干旱指数

从 1963—2012 年月尺度的综合气象干旱指数趋势上来看，郑州市的 50 年间 *CI* 指数呈上升趋势，上升幅度较小，主要原因是 1965 年左右的特大旱情影响了接下来的数据波动幅度，或历史数据有误差，还需考证。另一方面，郑州长时间的工业化和城市化发展，以及前期对环境保护和可持续发展观念的缺失，导致郑州市出现城市热岛效应与城市雨岛效应，气温比周边环境略高，降

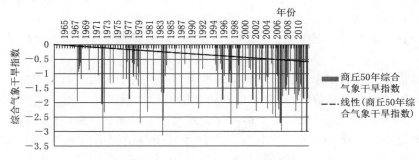

图 2-20　商丘 1963—2012 年月尺度综合气象干旱指数

水增多，使得郑州市长期看来干旱指数处于上升趋势。从图 2-16～图 2-20 看，郑州市 1963—2012 年的 50 年间有 4 个月发生了 CI 值小于 -3 的特重旱情，分别为 1963 年 5 月（CI 值为 -3.14）、1963 年 7 月（CI 值为 -3.19）、1964 年 8 月（CI 值为 -3.28）和 1986 年 10 月（CI 值为 -3.03），发生次数为五市最高，并集中在 1963—1964 年，可暂时考虑为原始数据有误；发生 CI 值小于 -3 特重旱情次数次高的地区为三门峡，三门峡发生有 3 个月份处于此类旱情中，分别为 1988 年 1 月（CI 值为 -3.25）、2001 年 3 月（CI 值为 -3.33）和 2009 年 4 月（CI 值为 -3.45）；其次为新乡和商丘，CI 值小于 -3 的月份分别处于新乡的 1994 年 8 月（CI 值为 -3.06）、2008 年 4 月（CI 值为 -3.18）和商丘的 1972 年 6 月（CI 值为 -3.01）、1984 年 3 月（CI 值为 -3.13），从中可以看出，新乡的两次特重旱情都发生在 50 年间前期，而商丘的特重旱情则都发生在 50 年间中后期；南阳市发生 CI 值小于 -3 的特重干旱月份最少，50 年间只有一次，发生在 2006 年 5 月，但是其 CI 值为全省五市 50 年最低，为 -3.80。从综合气象干旱指数趋势上看，除了郑州微弱上升趋势外，其余均为不同程度的下降趋势，其中下降趋势最严重的为商丘市。

三、干旱时空演变特点

（一）四项单干旱指标显著性检验

1. 描述统计

描述统计是通过图表或数学方法，对数据资料进行整理、分析，并对数据的分布状态、数字特征和随机变量之间关系进行估计和描述的方法。本次研究的主要对象为四类干旱指标：降水距平百分率指数、相对湿润度指数、标准化降水指数 SPI 和综合气象干旱指数 CI。可对这 4 类干旱指标各个统计项列表比对分析，目的是找出最适宜最切实的指标来做接下来的干旱分析归因和预测工作。

在众多描述统计项中，对本次分析无意义的统计项，如平均数、中位数、极值等，因各类干旱指标划定等级的标准不同无法做比对，所以在本次分析中不予分析。下面对标准误差、标准差、方差、峰度、偏度等有效统计项做分别描述。

标准误差可以用来衡量一组数据的准确程度。由于在得到数据的过程中很难得到待测值的"真值"，所以在计算中，引入标准误差这一概念代替其实际误差。具体来说，就是在计算中的实际误差用标准误差估计值代换。因此，在本次研究中如果标准误差过大，对最终河南省干旱情况的分析预测干扰亦越大，应酌情使用误差较小的指标数据。

标准差是方差的算术平方根，能反映一个数据集合的离散程度。在本次研究中，如果干旱指标数据集的离散程度偏小，将较难区分干旱过程中的程度差别，也不利于特重灾区的划分，因此，在接下来的研究中应选取离散程度较大的指标数据集，也就是标准差、方差较大的数据集。

峰度可用于描述一变量在其分布曲线上的陡缓程度。与正态分布相比：当峰度为零时，与正态分布的陡缓程度相同；当峰度大于零时，该变量的分布曲线比正态分布的高峰更陡；当峰度小于零时，该变量的分布曲线比正态分布的高峰平缓。

偏度可描述一变量的分布曲线的对称性。同样与正态曲线相比：偏度等于零时，该变量的分布曲线分布形态与正态分布偏度相同；偏度大于零时，正偏差数值较大，向右偏移；偏度小于零时，负偏差数值较大，向左偏移。偏度越大，分布形态偏移程度越大。在本次研究中，峰度体现了干旱中特旱情况发生的严重程度，偏度则体现了50年间干旱的发展走向。

1963—2012年河南省五个代表市的四类干旱指标的描述统计见表2-9~表2-13。

表 2-9　　　　　　　1963—2012 年郑州四类干旱指标描述统计

年降水距平百分率		月尺度综合气象指数		月尺度相对湿润指数		月尺度标准化降水指数	
标准误差	0.038523	标准误差	0.028032	标准误差	0.011238	标准误差	0.040173
标准差	0.272398	标准差	0.686646	标准差	0.275271	标准差	0.984035
方差	0.0742	方差	0.471482	方差	0.075774	方差	0.968325
峰度	−0.24288	峰度	4.299923	峰度	3.883857	峰度	2.140122
偏度	−0.42579	偏度	−2.2607	偏度	−2.3272	偏度	−1.16756
观测数	50	观测数	600	观测数	600	观测数	600
置信度（95.0%）	0.077415	置信度（95.0%）	0.055053	置信度（95.0%）	0.02207	置信度（95.0%）	0.078897

表 2 - 10　　　　　　1963—2012 年三门峡四类干旱指标描述统计

年降水距平百分率		月尺度相对湿润指数		月尺度综合气象指数		月尺度标准化降水指数	
标准误差	0.051026	标准误差	0.010419	标准误差	0.025861	标准误差	0.040346
标准差	0.360808	标准差	0.255222	标准差	0.633462	标准差	0.988259
方差	0.130182	方差	0.065138	方差	0.401275	方差	0.976656
峰度	1.157159	峰度	5.191424	峰度	5.871923	峰度	2.858943
偏度	−1.13846	偏度	−2.55712	偏度	−2.49867	偏度	−1.16616
观测数	50	观测数	600	观测数	600	观测数	600
置信度（95.0%）	0.10254	置信度（95.0%）	0.020463	置信度（95.0%）	0.050789	置信度（95.0%）	0.079236

表 2 - 11　　　　　　1963—2012 年南阳四类干旱指标描述统计

年降水距平百分率		月尺度相对湿润指数		月尺度综合气象指数		月尺度标准化降水指数	
标准误差	0.039351	标准误差	0.009511	标准误差	0.024873	标准误差	0.039844
标准差	0.278256	标准差	0.232965	标准差	0.609271	标准差	0.975964
方差	0.077427	方差	0.054273	方差	0.371212	方差	0.952507
峰度	0.793308	峰度	7.056854	峰度	7.0653	峰度	2.851771
偏度	−1.01151	偏度	−2.87449	偏度	−2.66704	偏度	−1.06831
观测数	50	观测数	600	观测数	600	观测数	600
置信度（95.0%）	0.07908	置信度（95.0%）	0.018678	置信度（95.0%）	0.04885	置信度（95.0%）	0.07825

表 2 - 12　　　　　　1963—2012 年新乡四类干旱指标描述统计

年降水距平百分率		月尺度相对湿润指数		月尺度综合气象指数		月尺度标准化降水指数	
标准误差	0.052078	标准误差	0.010572	标准误差	0.025945	标准误差	0.039753
标准差	0.368247	标准差	0.258954	标准差	0.635517	标准差	0.97374
方差	0.135606	方差	0.067057	方差	0.403882	方差	0.94817
峰度	3.268602	峰度	5.631609	峰度	4.426805	峰度	3.488635
偏度	−1.37198	偏度	−2.64242	偏度	−2.23015	偏度	−1.29758
观测数	50	观测数	600	观测数	600	观测数	600
置信度（95.0%）	0.104655	置信度（95.0%）	0.020762	置信度（95.0%）	0.050954	置信度（95.0%）	0.078072

表 2 - 13 　　　　　　　1963—2012 年商丘四类干旱指标描述统计

月尺度综合气象指数		年降水距平百分率		月尺度相对湿润指数		月尺度标准化降水指数	
标准误差	0.02713	标准误差	0.063126	标准误差	0.012079	标准误差	0.040855
标准差	0.664541	标准差	0.446369	标准差	0.295869	标准差	1.000737
方差	0.441614	方差	0.199246	方差	0.087539	方差	1.001474
峰度	4.109088	峰度	1.115375	峰度	2.913858	峰度	3.128502
偏度	−2.23186	偏度	−1.04833	偏度	−2.1169	偏度	−1.36297
观测数	600	观测数	50	观测数	600	观测数	600
置信度（95.0%）	0.053281	置信度（95.0%）	0.126857	置信度（95.0%）	0.023722	置信度（95.0%）	0.080236

　　由表 2−9～表 2−13 可知，郑州市 1963—2012 年 50 年间四项干旱指数数据集的标准误差中，月尺度 SPI 指数的标准误差最高，其次分别为降水距平百分率指数、CI 指数以及相对湿润度指数。标准差和方差值最高为月尺度 SPI 指数，其次为 CI 指数。峰度最高为 CI 指数。由此可知，郑州 CI 指数为 50 年间郑州干旱分析预测的最适宜单指标。四项干旱指数的偏度均为负值，可知 50 年间后半期干旱出现频次增多，强度加大，需要注意加以防范。

　　在 1963—2002 年 50 年间，三门峡市四项干旱指标中，标准误差最大的为降水距平百分率指数，其次为月尺度 SPI 指数、CI 指数和相对湿润度指数。由此可大致排除将降水距平百分率指数作为最适宜指标。而四项指标的标准差方差中，最高值为 SPI 指数，其次为 CI 指数、降水距平百分率指数和相对湿润度指数。峰度最高为 CI 指数。因此可选 SPI 指数和 CI 指数作为分析预测 50 年间三门峡干旱情况的最适宜单指标。另外，四项指标偏度依然均为负值，偏度最高的是 CI 指数。

　　在 1963—2002 年 50 年间，南阳市四项干旱指标中，标准误差最大的为月尺度 SPI 指数，其次为降水距平百分率指数、CI 指数和相对湿润度指数。由此也可大致排除将 SPI 指数作为最适宜指标。四项指标的标准差方差中，最高值为 SPI 指数，其次为 CI 指数、降水距平百分率指数和相对湿润度指数。峰度最高为降水距平百分率指数。因此降水距平百分率指数和 CI 指数均可作为分析预测 50 年间南阳市干旱情况的最适宜单指标。另外，四项指标偏度依然均为负值，偏度最高的是相对湿润度指数指数。

　　在 1963—2002 年 50 年间，新乡市四项干旱指标中，标准误差最大的为降水距平百分率指数，其次为月尺度 SPI 指数、CI 指数和相对湿润度指数。由此可大致排除将降水距平百分率指数作为最适宜指标。而四项指标的标准差方差中，最高值为 SPI 指数，其次为 CI 指数、降水距平百分率指数和相对湿润度指数。峰度最高为相对湿润度指数。新乡市四项干旱指标各有优势，适宜综合分析，或经最后总结五市情况后再做选择。新乡市四项干旱指标偏度依然均为负值，偏度最高的是相对湿润度指数。

在 1963—2002 年 50 年间，商丘市四项干旱指标中，标准误差最大的为降水距平百分率指数，其次为月尺度 SPI 指数、CI 指数和相对湿润度指数。由此可大致排除将降水距平百分率指数作为最适宜指标。而四项指标的标准差方差中，最高值为 SPI 指数，其次为 CI 指数、降水距平百分率指数和相对湿润度指数。峰度最高为 CI 指数。因此可选择 CI 指数或月尺度 SPI 指数作为分析预测 50 年间新乡市干旱情况的最适宜单指标。另外，四项指标偏度依然均为负值，偏度最高的是 CI 指数。

总体来看，河南省五个典型市中，均适宜用 CI 指数作为最适宜单指标，在接下来的研究中可将其用于河南省干旱的归因和预测。而五个城市地区中，峰度最高的是郑州市，其次为商丘市，说明这两个地区发生特旱等级旱灾程度最为严重，南阳市特旱情况在这些地区中最轻微。五市 CI 指数峰度可见表 2-14。

表 2-14　　　　　河南省五个典型市 1963—2012 年 CI 指数峰度值

城市	郑州	三门峡	南阳	新乡	商丘
峰度	4.30	1.16	0.79	3.27	4.11

2. 相关系数

相关系数可以用于表示几个变量间的相关程度，相关程度越高，相关系数越趋近于 1。相关系数的计算方法是积差法，用变量组中每组变量与其自身平均值的离差两两相乘得出，以反映变量组间的相关程度。在本次研究中将通过四类干旱指标的相关系数分析降水和气温对干旱的影响程度。综合气象干旱指数是由相对湿润度指数和标准化降水指数通过一定比值计算得出。其中，标准化降水指数由每个地区的降水量计算；相对湿润度指数由每个地区的降水量和气温来计算。因此，通过比对这三者的相关系数大小，可知该地区的干旱情况在降水和气温中受哪一项的影响更大。降水距平百分率一般用来分析某一时段的降水量与常年值间的差距并且能够较为直观地反映出由降水异常而引起的干旱，因此，降水距平百分率指数与其余三项干旱指数的相关系数可以直观地表现出气象因素（温度与降水）对干旱的影响程度，也就从反面反映了人为致旱因素对该地区干旱情况的影响。

1963—2012 年 50 年间河南省五个典型市四类干旱指标的相关系数交叉比对见表 2-15～表 2-19。

表 2－15　　　　　1963—2012 年郑州四类干旱指标相关系数

指标名称	降水距平百分率	CI	相对湿润度指数	SPI
降水距平百分率	1			
CI	−0.29291	1		
相对湿润度指数	−0.21609	0.845649	1	
SPI	−0.30293	0.803035	0.736761	1

表 2－16　　　　　1963—2012 年三门峡四类干旱指标相关系数

指标名称	降水距平百分率	相对湿润度指数	CI	SPI
降水距平百分率	1			
相对湿润度指数	−0.20063	1		
CI	−0.19041	0.803539	1	
SPI	−0.10078	0.683567	0.759424	1

表 2－17　　　　　1963—2012 年南阳四类干旱指标相关系数

指标名称	降水距平百分率	相对湿润度指数	CI	SPI
降水距平百分率	1			
相对湿润度指数	0.230201	1		
CI	0.137745	0.828928	1	
SPI	0.244337	0.667602	0.764927	1

表 2－18　　　　　1963—2012 年新乡四类干旱指标相关系数

指标名称	降水距平百分率	相对湿润度指数	CI	SPI
降水距平百分率	1			
相对湿润度指数	0.019497	1		
CI	0.058848	0.779372	1	
SPI	0.088129	0.661628	0.801478	1

表 2－19　　　　　1963—2012 年商丘四类干旱指标相关系数

指标名称	CI	降水距平百分率	相对湿润度指数	SPI
CI	1			
降水距平百分率	0.986413	1		
相对湿润度指数	0.897919	−0.09982	1	
SPI	0.818177	0.268588	0.75765	1

由表 2-15～表 2-19 可知，在郑州市四类干旱指标的交叉比对相关系数中，相关度最高的为相对湿润度指数和综合气象干旱指数 CI，说明郑州市在 1963—2012 年的 50 年间干旱情况受气温影响较大；在三门峡市和南阳市四类干旱指标的交叉比对相关系数中，相关度最高的也是相对湿润度指数和综合气象干旱指数 CI，说明这两市 1963—2012 年的 50 年间干旱情况受气温影响较大；在新乡市四类干旱指标的交叉比对相关系数中，相关度最高的为综合气象干旱指数 CI 和标准化降水指数 SPI，说明新乡市 1963—2012 年的 50 年间干旱情况受降水影响较大；最后，商丘市四类干旱指标的交叉比对相关系数中，相关度最高的为降水距平指数和综合气象干旱指数 CI，其次为相对湿润度指数和综合气象干旱指数 CI，说明商丘市 1963—2012 年的 50 年间干旱情况受气温和降水影响都较大，并且相关系数值非常高，降水距平百分率指数和综合气象干旱指数的相关系数甚至达到 0.98，非常接近 100％相似。因此，也说明商丘市受其余人为致旱因素影响最小。在五个典型市中，降水距平指数和综合气象干旱指数的相关系数最小的是郑州市，也就说明郑州市的干旱情况受人为致旱因素影响最大。

（二）河南省 1963—2012 年干旱时空演变特点

河南省位处黄淮海流域，水文气象条件复杂多变，干旱灾害频繁发生。尤其在进入 21 世纪以后，由于全球气候变化和人类活动的影响，该地区干旱灾害风险进一步加大，极端天气的发生频率、发生强度、极端天气气候事件的时空分布等出现了新形势新变化，从而导致干旱的形成、发展、特征、损失程度和影响深度、广度出现了新特点和新现象，干旱灾害的突发性、异常性、难以预见性日显突出，已经成为制约这一地区经济社会发展的重要因素之一。本次研究选取河南省五个典型市分别进行研究分析，试图找出河南省 1963—2012 年 50 年间干旱的发展规律，并对将来的干旱发展做出预测。下面将从年代、区域性两个方面展开对河南省干旱情况的研究。从时空的广度和深度剖析成旱和旱情发展特点。

1. 河南省五个典型市 1963—2012 年干旱年代演变特点

本次研究选取河南省五个典型市 1963—2012 年间 50 年的综合气象干旱指数作为研究对象，并把这 50 年分为五个年代，分别描绘每个年代月尺度 CI 值的线性趋势线，用以观察 50 年间随年代发展中干旱的发展情况。

河南省五个典型市 1963—2012 年年代间月尺度 CI 值变化趋势见图 2-21～图 2-25，用以观测 1963—2012 年间月尺度 CI 值年代 5 阶多项式趋势。

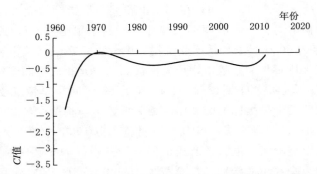

图 2 - 21　1963—2012 年郑州年代间月尺度 CI 值变化趋势

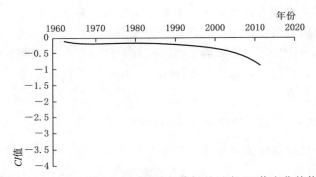

图 2 - 22　1963—2012 年三门峡年代间月尺度 CI 值变化趋势

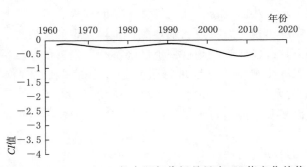

图 2 - 23　1963—2012 年南阳年代间月尺度 CI 值变化趋势

　　郑州在 1963—1972 年间月尺度 CI 值 5 阶多项式趋势线呈大幅度上升趋势，这代表郑州在这 10 年前期发生过特重旱灾，影响了趋势线走向。另一种可能是原始数据错误导致的大幅度变化。20 世纪 70 年代至 21 世纪初，郑州月尺度 CI 值 5 阶多项式趋势出现两个波谷一个波峰。波峰出现在 20 世纪 90 年代中期，波谷分别出现在 80 年代中期和 21 世纪初。2000—2012 年，郑州市月尺度 CI 值 5 阶多项式趋势线缓慢上升，原因可能是 90 年代后郑州市快速

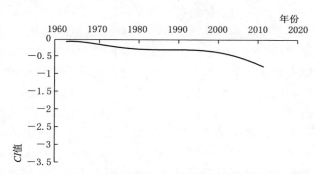

图 2 - 24 1963—2012 年新乡年代间月尺度 CI 值变化趋势

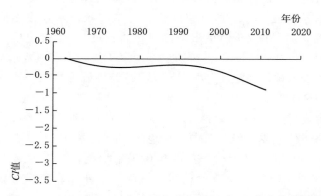

图 2 - 25 1963—2012 年商丘年代间月尺度 CI 值变化趋势

的城市化、工业化发展，导致城市出现热岛效应、雨岛效应，影响了郑州地区的气温和降水量，从而影响了干旱的发展。但城市热岛效应和雨岛效应并不是解决干旱问题的根本办法，其带来的不利影响可能将大于缓和该地区干旱的作用。

三门峡 1963—1972 年间月尺度 CI 值 5 阶多项式趋势线缓慢下降，到了 1973—1982 年间上升，因为后 10 年降雨量增多，缓解了这 10 年的干旱情况。80 年代降雨量恢复正常，干旱情况近似持平。到了 90 年代后，三门峡月尺度 CI 值 5 阶多项式趋势线开始持续下降，21 世纪后下降得更快，表示干旱情况正在加剧，主要原因是三门峡这 20 年来降水量的持续减少，在之后的防止旱灾对策中应对此制定应对处理措施。

南阳在 20 世纪 60 年代的月尺度 CI 值 5 阶多项式趋势线呈下降趋势，到了 70 年代开始有所上升，旱情得到缓和。到了 80 年代又缓慢上升。值得注意的是南阳月尺度 CI 值 5 阶多项式趋势线在进入 21 世纪后有上升的现象，代表干旱情况减轻，原因可能与其湿润半湿润气候和位处盆地的地形地貌相关。南阳1963—2012年50年间的干旱情况总体呈越加严重的趋势，但年代间有往复升降的现象，大旱年呈周期性出现。与三门峡地区相同的是，南阳市到了90年代后，月尺度 CI 值5阶多项式趋势线持续下降，干旱程度加重。但是南阳市总体干旱程度不是很严重，综合气象干旱指数的下降趋势比较缓和。

新乡、南阳、商丘月尺度 CI 值5阶多项式趋势线的波动趋势在21世纪前相似，程度各有不同。进入21世纪后，新乡、商丘月尺度 CI 值5阶多项式趋势线下降，表示干旱程度的又一次持续加剧。商丘月尺度 CI 值5阶多项式趋势线总变化呈下降趋势，但其年代 CI 值变化趋势呈现大幅度升降，代表商丘地区年代降水不稳定，时高时低，对旱灾防治提出了挑战，在之后的旱灾防治处理中应加以注意。商丘市月尺度 CI 值5阶多项式趋势线波动频率与新乡市相似，但干旱强度强，干旱加剧速度快。与三门峡、新乡市相同，商丘市在90年代开始后，月尺度 CI 值呈下降趋势，并在进入21世纪后下降趋势更为陡峭，其中商丘市2002—2012年间的月尺度 CI 值5阶多项式趋势线下降趋势最为剧烈，代表该地区在这10年间干旱发展趋势最为严峻，重视商丘地区的旱灾防治工作刻不容缓。

总的来看，1963—2012年这50年间河南省五个典型市的综合气象干旱指数趋势除了郑州外总体下降，其中商丘地区下降最多。五市干旱情况呈规律的往复升降状况。20世纪70年代与90年代干旱加剧，80年代干旱减轻。进入21世纪后，郑州、南阳干旱程度稍缓，三门峡、新乡、商丘干旱情况持续加重。河南省1963—2012年50年间的干旱情况呈现三种类型：第一类为三门峡为代表的豫西地区，由于气候地形复杂，形成独立的小环境，50年间的年代干旱情况较为平稳；第二类为以郑州、南阳为代表的中南部地区，干旱发展在60年代和21世纪后有所减缓；第三类为以新乡、商丘为代表的东北部地区，研究显示，此地区21世纪后干旱情况将持续加重，需要着重解决，做出预防和补救措施，并加快干旱研究和解决干旱问题的脚步。

2. 区域性特点

本次研究根据河南省内地理情况和历史资料齐全程度等选定了五个典型市作为研究对象，分别是郑州、三门峡、南阳、新乡和商丘。

郑州市位于河南省中部偏北，黄河下游，区位优越，交通、工业和运输业发达，属于北温带大陆性季风气候，年平均降水量为640.9mm，年平均气温在14～14.3℃。

三门峡地处中原豫、晋、陕三省交界处，为豫西重镇，东与洛阳市为邻，南依伏牛山与南阳市相接；气候条件为暖温带大陆性季风气候，历年平均气温为13.8℃，年均降水量为580～680mm；地貌特征复杂，以山地、丘陵和黄土塬为主，其中山地约占54.8%，丘陵占36%，平原占9.2%，形成了具有暖温带、温带和寒温带的多元气候。

南阳位于河南省西南部,为三面环山、南部开口的盆地;属于季风大陆湿润半湿润气候,年平均气温为14.4~15.7℃,年降水量为703.6~1173.4mm,自东南向西北递减。

新乡市地处河南省北部、南临黄河,是豫北的经济、教育、交通中心。新乡属暖温带大陆性季风气候,年平均气温为14℃,年平均降水为656.3mm,季风特征明显,平原占地总面积78%,土地肥沃,阳光充沛。

商丘位于河南省东部,是中原地区东部门户。商丘属暖温带半温润大陆性季风气候,年平均气温为14.2℃,年平均降水量为623mm。

该五市地理特征明显,地貌各异,适宜从区域性上发现干旱发生发展特点和规律。

从五市50年间总体变化上来看,明显可以看出河南省干旱情况处于逐渐加重的状态。特别是进入21世纪后,出现了3个特重旱区,分别是南阳、新乡以及商丘。而这三个市都处于平原或盆地地带,2002年后降水量减少,蒸发量增大,成为了干旱加剧的主要原因。三门峡地貌以丘陵山区居多,影响了大气环流的蒸发量和降水量,所以减缓了该市的干旱情况。从各个市级地区来看,每市在5个年代间发生的干旱等级划区次数各异,见表2-20。

表2-20　　　河南省五市1963—2012年年代区域旱区划定次数　　　单位:次

市	轻旱区	中旱区	重旱区	特旱区	特重旱区
郑州	0	2	2	1	0
三门峡	2	1	2	0	0
南阳	0	3	1	0	1
新乡	0	2	1	1	1
商丘	2	1	1	0	1

从表2-20中可看出,1963—2012年50年间五个典型市发生旱情最轻的是三门峡市,因为其地处河南西部山丘地带,气候复杂,降水与蒸发都与其余四市所处的平原地区有所不同。发生旱情最为严重的是新乡市。造成严重旱情的原因可能是:①新乡市为豫北重镇,平原地带占了整个新乡地区的78%,受温度和降水影响最大;②新乡市紧邻河南省会郑州,随着郑州的快速工业化城市化进程,郑州市内出现的城市热岛效应、城市雨岛效应以及雾霾等气候污染,对新乡市的降水和水环境造成了影响,从而影响了新乡市的干旱情况。21世纪后,商丘市和南阳市的干旱加剧情况最为严峻,可能也与其工业发展影响了该地区的降水量与蒸发量有关。

另一方面，1963—2012 年 50 年间全省范围内，以综合气象指数判定的特重干旱等级发生次数也在持续攀升。除郑州市在 20 世纪 60 年代初的特重旱情以外，大部分特重干旱旱情都发生在 90 年代以后。进入 21 世纪后出现了两个发生特重干旱等级旱灾最多的地区——南阳市与商丘市，在今后的预防极端干旱天气灾害中，应着重加强这两市的旱灾抗灾减灾预防工作。从五个市级地区分别看来，每个地区在 5 个年代间发生的达特重干旱各等级次数见表 2 - 21（Ⅰ级特重干旱情况最轻，Ⅴ级特重干旱情况最严重）。

表 2 - 21　　河南省五市 1963—2012 年达特重干旱各等级次数　　单位：次

市 ＼ 等级	Ⅰ	Ⅱ	Ⅲ	Ⅳ	Ⅴ
郑州	1	1	1	1	1
三门峡	0	3	1	1	0
南阳	1	1	1	1	1
新乡	0	2	1	2	0
商丘	0	2	2	0	1

在河南省五个典型市 1963—2012 年 50 年间发生特重干旱情况中，除了郑州市以外，其余四个地区特重干旱次数均处于逐渐攀升趋势，发生极端干旱天气的次数将会越来越多，强度越来越大，成灾速度也将越来越快。极端干旱天气的发生所造成的经济损失对人畜生活困难的影响是难以预计的，也将是今后预测和预防工作的重中之重。

四、干旱突变

（一）干旱突变概述

干旱的变化分为渐变和突变。干旱的渐变是描述干旱的指数在长时段中处于稳定变化水平，有小幅度波动，可理解为一种量变。干旱突变则是描述干旱的指数在短时间内呈现跳跃式发展与大范围上下浮动的状态，可以理解为一种质变。也就是说，干旱从渐变到突变的过程，可以看作是干旱在其发展过程中从量变到质变的过程。所以，当干旱发生突变时，可以观察到干旱情况从一种状态迅速演变到了另一种状态。在本章中，运用统计量的时间序列可以观察出序列中发生状态跳跃式转变的时间点，即为该序列的突变点。

干旱突变的原因有内部原因和外部原因两方面。内部原因与干旱的渐变有关，即干旱发展到一定程度时因为量变的累积产生的质变，也就是干旱突变这类突变没有外力干扰。外部原因则是由于外力的突变导致的干旱突变，这类突变没有规律性，要着重观察其他影响因素的变化形势对其产生的作用与影响。目前，突变统计分析并不十分成熟，在应用中还存在一些问题。在确定干旱过程时最好给定严格的显著性水平进行检验并运用干旱知识加以判断。

（二）滑动 T 检验

本次研究采用滑动 T 检验法对河南省五个典型市 1963—2012 年的 50 年间的月尺度综合气象干旱指数 CI 序列进行突变点检测。样本组之间的差异是否明显是滑动 T 检验的检验关键。其基本思想是：把河南省五个典型市 50 年间的综合气象干旱指数作为五个时间序列，把其中两段时间序列的子序列提出并计算其均值，将子序列的均值有无显著差异看作这两个地区总体时间序列有无显著差异的问题来检验。如果两段子序列的均值差异超过了一定的显著性水平，则可以认为该地区的总 CI 指数时间序列有突变发生，即该地区有干旱突变发生。

假定一个时间序列 x 有 n 个样本量，将其分成两个子样本 x_1 和 x_2，x_1 和 x_2 的样本长度分别为 n_1 和 n_2，均值分别为 $\overline{x}_1$ 和 $\overline{x}_2$，方差分别为 s_1 和 s_2，构造检验统计量：

$$t=\frac{\overline{x}_2-\overline{x}_1}{s\sqrt{\dfrac{1}{n_1}+\dfrac{1}{n_2}}} \tag{2-14}$$

$$s=\sqrt{\frac{(n_1-1)s_1^2+(n_2-1)s_2^2}{n_1+n_2-2}} \tag{2-15}$$

原假设两组子样本平均值无差异，T 检验统计量自由度为 $v=n_1+n_2-2$。

图 2-26 为滑动 T 检验示意图，箭头标示位置即为可能的变异点。

该方法由于在子序列的选择上具有人为性，可能由于子序列长度选择不同而造成突变点的漂移，因此，具体使用中应多采用几组不同长度子序列进行比较分析，以提高计算结果的可靠性。

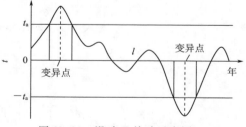

图 2-26　滑动 T 检验示意图

（三）河南省五个典型市 1963—2012 年 CI 指数时间序列滑动 T 检验

本次滑动 T 检验的对象是河南省五个典型市 1963—2012 年的月尺度综合气象指数，每个数据集总数为 600，形成五个时间序列，对五个地区的干旱变异点分别做检验。图 2-27～图 2-31 为河南省五个典型市 1963—2012 年的月尺度 CI 指数滑动 T 检验结果。

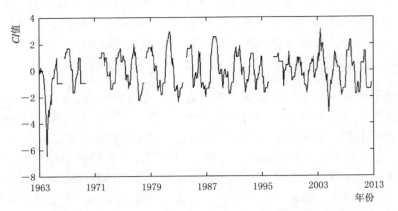

图 2-27　郑州 1963—2012 年月尺度 CI 指数滑动 T 检验结果

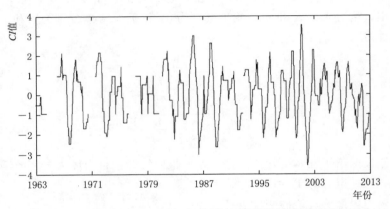

图 2-28　三门峡 1963—2012 年月尺度 CI 指数滑动 T 检验结果

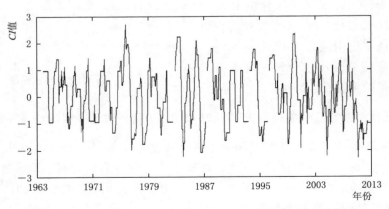

图 2-29　南阳 1963—2012 年月尺度 CI 指数滑动 T 检验结果

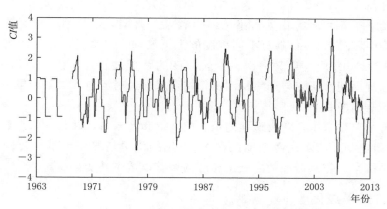

图 2 - 30 新乡 1963—2012 年月尺度 CI 指数滑动 T 检验结果

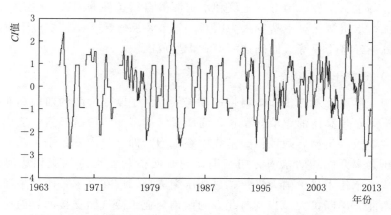

图 2 - 31 商丘 1963—2012 年月尺度 CI 指数滑动 T 检验结果

根据图 2 - 27～图 2 - 31 所示结果,可以清楚得到河南省五个典型市综合气象干旱指数 CI 序列的时空变异点,见表 2 - 22。

表 2 - 22 河南省五个典型市 1963—2012 年月尺度 CI 指数滑动 T 检验变异点

地区	郑州	三门峡	南阳	新乡	商丘
变异点(正)	2005 年 2 月 (3.11)	2002 年 9、 10 月(3.54)	1976 年 4 月 (2.69)	2007 年 4 月 (3.50)	1983 年 2 月 (2.93)
变异点(负)	1964 年 2 月 (−6.48)	2003 年 6、 7 月(−3.54)	1984 年 11 月 (−2.22)	2008 年 2 月 (−3.83)	2011 年 12 月 (−3.02)
	2006 年 4 月 (−3.21)		2011 年 1 月 (−2.28)		

除郑州 1964 年 2 月的变异点外，其余变异点均集中在 20 世纪 80 年代和 21 世纪初两个时间段，由此可推论河南省五个典型市干旱情况量变转质变的周期为 20 年左右，并伴随有不同程度的上下波动。也就是说，河南省干旱情况将在未来 10 年内发生又一次量变转质变的跃变过程，在接下来的工作中，需要将这种周期性跃变与干旱预测工作结合起来，对河南省未来干旱旱情发展做出更为准确的判断。

在五个典型市中，跃变最强的是三门峡市和新乡市，并且这两次跃变均发生在 21 世纪初，表示这两个地区在 21 世纪的干旱情况发生了比较剧烈的变化，防旱抗旱工作都需要随之做出相应的调整以适应其变化。

五、干旱成因

河南省干旱频繁且严重，若干旱成灾将造成巨大损失。其影响因素多，既有气候、降水、蒸发、地形、土壤和水资源等自然条件的因素，也有需用水量不断增加、水资源污染浪费等人为因素。本节将从气象干旱、农业干旱、水文干旱与社会经济干旱等方面阐述河南省干旱成因。

（一）气象干旱成因

河南气候属北亚热带和暖温带过渡气候。由于欧亚大陆的西伯利亚高压和西太平洋副热带高压的季节性位移，河南省气候多变，旱涝频繁。造成河南省干旱的主要天气类型有两种：一是高压衰退型，即在河南省冬季，西太平洋副热带高压会离开内陆向东南方向衰退，同时西伯利亚干冷气流到达河南省境内，形成冬半年干旱少雨天气；二是高压突进型，即在夏季，西太平洋副热带高压向西北方不断扩大，当其与北方的西伯利亚干冷气团交接的界面达不到河南或者超越了河南省界时，河南亦为干旱少雨天气。当两者在河南上空相遇时，则形成降雨天气，有时会出现暴雨或大暴雨。过渡性气候造成了河南省骤涝长旱的特性。

1. 年内降水时空分布不均，干旱缺雨天气多

根据文献资料，河南省多年平均降水量为 784.8mm。700mm 等值线横穿省境中部。南部年降水量在 1200mm 以上，北部为 600mm，南、北部的年降水量相差一倍以上。降水量的减少成为气象干旱的主因。1986 年河南省 50 年中典型旱涝年份，选取该年的降水量与气象干旱指数 CI 值对比可明显看出降水与干旱间的关系，见图 2－32、图 2－33。

如图 2－32 与图 2－33 所示，河南省各地降水量通常四季间分布不均。一般来说，冬春季节雨水最少，秋季次之，夏季降水最多。但就算是在汛期（6—9 月），降水量也往往集中在一次或几次暴雨或大暴雨之中，如果连续多日不雨，

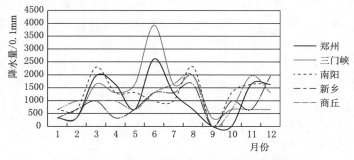

图 2-32　1986 年河南省五市月尺度降水量

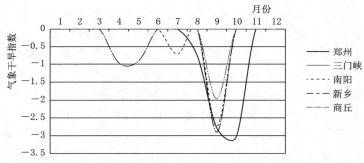

图 2-33　1986 年河南省五市月尺度气象干旱指数

也会出现旱象。例如图 2-32 和图 2-33 中，1986 年自 8 月起，因降水量的急剧减少，又正逢汛期，所以导致了气象干旱负指数绝对值的攀升，干旱情况加剧；而 9 月之后，降水量增多，气象干旱负指数绝对值降低，干旱情况才有所缓解。

2．年际降水量变化大，枯水年降水量极少

河南降水量的年际变化大，各地逐年的降水量接近平均值的不多。据已有数据统计，河南省五个典型市大多数年份年降水量非大即小，且最大值与最小值差距较大。据统计，五市最小年降水量仅 500～900mm，为多年均值的 50%，最大年降水量的 20%～30%。这种干旱缺雨的年份对农业的影响很大，往往会造成大面积的旱灾。河南省五市 1963—2012 年降水量极值见表 2-23。

表 2-23　　　　　　河南省五市 1963—2012 年年降水量极值　　　　单位：mm

极值	郑州	三门峡	南阳	新乡	商丘
最大年降水量	2333 （1972 年）	2480 （1974 年）	2502 （1964 年）	2497 （1974 年）	3279 （1964 年）
最小年降水量	759 （2006 年）	660 （2010 年）	922 （2006 年）	529 （2008 年）	531 （2011 年）

根据表 2-23 的统计结果，河南省五市最大年降水量发生年份集中在 20 世纪 60、70 年代，平均最大年降水量在 2500mm 左右，商丘 1964 年年降水量达到 3000mm 以上。而最小年降水量均发生在 21 世纪后。各地区最小年降水量差距较大，南阳市最小年降水量为 922mm，占年最大降水量的 36％左右；商丘市最小年降水量为 531mm，仅占年最大降水量的 16％。50 年中年降水量少于 1000mm 的年份郑州、三门峡、南阳、新乡、商丘五市分别有 9 年、6 年、5 年、14 年、14 年，这些枯水年 70％发生在 2000 年之后。

　　3. 降水与蒸发的相互作用

　　影响干旱的气象因素除降水外还有蒸发量。蒸发量是指在充分供水条件下由地表向大气中逸散的水分数量，计算时通常用水面蒸发量代替。河南省多年平均水面蒸发量为 1000mm 左右。蒸发量分布与降雨量相反，南部降雨量大，蒸发量小，北部降雨量小，蒸发量大；山区降雨量大，蒸发量小，平原降雨量小，蒸发量大。这种分布特点，加重了北部地区和平原地区的干旱。

　　蒸发量在一年中随着各个月份的各项气象要素的不同而产生规律性的增减。冬季气温低，蒸发量小，全年最小月蒸发量一般出现在 12 月或 1 月。最大月蒸发量一般出现在 6 月，这时正值春夏之交，往往雨量稀少，蒸发量又大，是干旱的多发季节，对夏、秋两季农作物的生长都会有重要影响。

　　相对湿润度指数 M 是用于表征某时段降水量与蒸发量之间平衡的指标之一。降水少而蒸发量大的年份通常有旱象发生，相对湿润指数呈负值。相对湿润指数越低，降水越少、蒸发越多。河南省五市 1963—2012 年相对湿润指数 M 部分指标见表 2-24。

表 2-24　　河南省五市 1963—2012 年相对湿润指数 M 部分指标

指 标 名 称	郑州	三门峡	新乡	南阳	商丘
M 值小于 3 的年份的数量	3	4	2	0	9
最小 M 值	−3.38	−3.89	−4.44	−2.83	−5.09
最小 M 值日期	2008	2009	2008	2005	2007

　　五市相对湿润指数除郑州外均呈下降趋势。郑州年湿润指数小于 3 的年份有三年，分别为 1993 年、1994 年和 2008 年，其中 1993 年、1994 年相对湿润指数低至 −5 以下，影响了郑州 50 年的干旱趋势。50 年中五地最小相对湿润指数集中在 2005—2010 年之间。由相对湿润指数判定地域降水与蒸发的平衡程度：南阳干旱程度最轻，商丘干旱最严重。

（二）农业干旱成因

1. 土壤与地形条件

河南省位于平原地区，在多种土壤类别中，有两种土壤最容易受旱：沙土和砂礓黑土。

沙土全省约有 100 万 hm²，主要分布在黄河两岸及黄河故道地带，多呈片状或带状分布，按其成因和形态可分为平沙地、起伏沙地、沙丘群等。沙土地漏水漏肥，易成干旱现象。尤其是粗沙土，多成沙荒丘岗地，只生长小灌木和茅草，农作物很难生长。沙土地不仅多旱灾，还多风沙灾害，需采取灌溉、改土、植树防沙等措施，或选择种植花生、红薯、果树等肥地农作物。

砂礓黑土主要分布在淮河以北、沙河以南的平原地区和南阳盆地，面积约120 万 hm²。砂礓黑土土质黏重，渗水性能和保水性能都较差，既易涝渍，又易干旱。砂礓黑土是一种涨缩土，它的性质是遇水就会膨胀，脱水便收缩。所以当土壤产生脱水现象，含水量低于 20% 时，土壤就会开始出现裂缝；如果土壤继续失水，裂缝便会加大增多，纵横交错，切断毛管联系，使地下水无法供给至地表，造成表层土壤缺水，导致旱情加重。在土壤出现裂缝后，水分蒸发不仅在地表进行，而且内部水分也可以汽化，从裂缝中直接向大气中扩散，加大了蒸发量，形成恶性循环，加重干旱。同时，土壤板结和裂缝的加大会使得作物的根系挣断，危害作物生长。再者，遇到干旱天气时，地下水会因砂礓黑土的毛管性能弱而无法跟上表层土壤水分蒸散的速度，出现干旱。即使在雨季有足够降水，倘若遇到一段无雨天气，也会因此而产生干旱。根据以上现象，在治理砂礓黑土地涝渍灾害的同时也需注意解决其灌溉防旱问题。

河南省地形的总趋势是西高东低，下面介绍两类干旱问题较为突出的地形：一类是丘陵垄岗过渡地区；另一类是黄土台地丘陵区。

丘陵垄岗地区分布十分广泛，覆盖了河南省境内太行山、嵩山、伏牛山、桐柏山、大别山的部分山脉和南阳盆地周围等。这些丘陵岗地都是低山区向平原区的过渡地带。海拔为 200～500m，相对高度差为 20～200m，面积约为 2 万 km²，平均耕地率为 0.29。地貌以侵蚀剥蚀丘陵为主，多成浑圆的丘状与和缓的陵状分布，起伏较缓，顶部宽阔平缓，松散堆积物覆盖较厚，适宜发展林木。在丘陵间的盆地和宽阔的河流谷地是耕地的主要分布地区，大部分为坡耕地，部分为水平梯田。在淮南地区的河谷地或小盆地多为水田。丘陵地区的森林覆盖率极低，大部分为荒丘秃岭，水土流失严重。耕地除少部分有灌溉条件外，大部分地区干旱现象突出。垄岗区海拔高 100～200m，淮南地区稍低。面积约为 1.15 万 hm²，平均耕地率为 0.48。垄岗地区地势起伏和缓，由于山区河流的切割作用，在豫西山前和大别山北麓多呈宽阔带状岗地分布，与宽阔的河谷地平行相间延伸。南阳盆地周围的岗地，岗顶平缓宽阔，岗洼相间，除少数岗洼起伏较大外，大部分岗洼地均为和缓过渡，没有明显的界线。垄岗区因其地势较高又缺少蓄水条件，所以一向植被稀少，水土流失情况严重，从而导致这一地区的农业生产低下，干旱严重。这些岗地一般松散堆积物覆盖深厚，土质较好，生产潜力较大，已有部分岗地引用水库蓄水或提水上岗进行灌溉，得到大幅度增产。淮南地区有些岗地通过发展灌溉使原来的低产旱地变成了高产水田，但目前大部分岗地还是缺水干旱，生产水平很低。

黄土台地丘陵区主要分布在太行山、嵩山部分山区、郑州以西黄河以南的地区，以及黄河与洛河间的大部分地区，主要由黄土塬、黄土梁、黄土丘陵等黄土地貌类型组成。黄土塬和黄土阶地地势平坦，土层深厚，是本区内主要的耕地分布区，适宜各种作物生长。由于地高水低，水源缺乏，所以干旱严重。除部分地区有水库可引水灌溉、作物生长良好外，大部分地区依靠天然降水，产量低且不稳定。黄土梁只有顶部地势较为平缓，其他大部分均呈坡地形态，梁两侧受流水侵蚀严重，深切黄土的沟谷特别发育。其平缓地区耕地分布集中，以坡耕地为主，水土流失和干旱现象严重。黄土丘陵区起伏不平，沟壑密布，地面破碎，多数已深切至下伏基岩中，基岩沟谷出露广泛。其中黄土覆盖的丘陵部分已开垦为梯田，但水土流失和干旱现象仍旧严重，并且由于地势原因，增加了修建灌溉工程的难度。

2. 有效降水与农作物需水间的关系

通过统计河南省五个典型市 1963—2012 年 50 年间汛期和非汛期不同连续无雨日出现次数，可以了解 50 年间各地区的干旱程度。统计结果见表 2 - 25 和表 2 - 26。

表 2 - 25 　　　　汛期（6—9 月）河南五个典型市 1963—2012 年
不同连续无雨日发生次数

站名	不同连续无雨日出现次数/次			最长持续天数	
	≥16 天	≥21 天	≥31 天	天数/天	发生时期（年-月-日）
郑州	83	43	23	44	2004 - 07 - 15—2004 - 08 - 27
三门峡	88	61	23	92	1970 - 08 - 21—1970 - 11 - 20
南阳	88	45	11	64	2011 - 08 - 21—2011 - 10 - 23
新乡	73	36	12	58	1988 - 08 - 16—1988 - 09 - 24
商丘	103	54	20	79	1997 - 07 - 07—1997 - 09 - 23

注　汛期连续无雨日是指日降水量≤5mm 的天数。

汛期中，降水量增多，大雨或暴雨天气通常在此时发生，连续无雨日出现时间偏短。汛期正是秋作物生长旺盛阶段，需水量多，同时气温高，蒸发量大，如果遇到连续半个月无雨，就会出现旱象，甚至带来旱灾。1963—2012年50年间五市在汛期中平均每年会发生1～2次15日以上的连续无雨天气。郑州、三门峡、商丘地区平均2～3年会发生一次连续1个月以上的无降水时间；南阳、新乡地区情况稍好，连续无雨日超过1个月的情况大概4～5年发生一次。最长连续无雨日发生在1970年的三门峡，从汛期中期开始一直连续3个月无有效降水，导致三门峡1970年发生了严重夏旱。五地相较，新乡市连续无雨日发生次数最少，商丘市发生次数最多，与农业干旱指数计算结果相近。

表 2 - 26 非汛期（10 月至次年 5 月）河南五个典型市 1963—2012 年
不同连续无雨日发生次数

站名	不同连续无雨日出现次数/次			最长持续天数	
	≥31 天	≥46 天	≥61 天	天数/天	发生时期（年-月-日）
郑州	59	29	13	101	1991 - 12 - 10—1992 - 03 - 20
三门峡	61	20	5	120	1987 - 10 - 30—1988 - 02 - 26
南阳	43	16	8	74	1988 - 01 - 18—1988 - 09 - 31
新乡	76	31	10	102	2010 - 11 - 03—2011 - 02 - 12
商丘	74	23	8	95	1982 - 11 - 08—1983 - 02 - 10

注 非汛期连续无雨日是指日降水量≤3mm 的天数。

非汛期（10 月至次年 5 月）是越冬作物生长期，此时一般气温低，蒸发量较小，作物需水量也小。但是，冬去春来，作物返青、拔节，需水量增加，气温渐增，蒸发量也加大，正是越冬作物需水的关键时期。所以在非汛期，特别是 3—5 月，如果遇到一个月以上的连续干旱无雨，也会出现旱象，甚至带来旱灾。

统计结果显示，河南省五个典型市非汛期平均每年会发生 1 次 30 天以上的连续无雨天气。其中新乡和商丘非汛期 1 个月以上连续无雨日出现次数高于其余三地，1963—2012 年 50 年间发生了 75 次左右，平均每 2 年就有 3 次连续 1 个月无有效降水。50 年中最长连续无雨日持续天数为 120 天，发生在1987 年的三门峡，大约 4 个月无有效降水，导致该年严重春旱。五地相比较，南阳市连续无雨日发生次数最少，商丘市发生次数最多，与气象干旱指数计算结果相近。

（三）水文干旱与经济社会干旱成因

1. 水文干旱

水文干旱是指研究范围内的河川等流体的径流低于往年均值或者含水层

（地下水）水位降低的现象，这种现象可能会导致一定时间和程度上的可利用水量的短缺。在研究过程中，水文干旱的判定方法是为河川径流流量或地下水位的下降程度设定一个阈值，若这两项指标的值低于阈值，则判定此时发生了水文干旱。阈值主要根据当地当时的需水量设定。

水资源是指大气降水在研究范围内所产生的地表水及地下水资源量。由于水资源总量为地表水资源量与地下水资源量之和，再扣除相互转化的重复计算水量，所以观察研究范围内的水资源总量，再参考当时的需水量，则可以分析出研究地区当时的水文干旱情况。本节将就侧重于从水资源的使用说明水文干旱的相关情况。

河南省多年平均的地表水资源量为 312.8 亿 m³，地下水资源量为 204.7 亿 m³，近几年的水资源总量见表 2 - 27。

表 2 - 27　　　　　　　　　河南省水资源总量

指标名称	2005 年	2010 年	2012 年	2013 年
降水量/mm	905.8	841.7	605.2	576.6
水资源总量/亿 m³	558.56	534.89	265.50	215.20
地表水资源量/亿 m³	435.92	415.70	172.60	123.13
地下水资源量/亿 m³	219.74	214.66	161.80	147.12
地表水与地下水资源重复量/亿 m³		95.47	68.90	55.05

2005 年以来，河南省水资源总量大幅度降低，2013 年的水资源总量仅为 2005 年的 50% 左右，主要原因为降水量的大幅降低。河南省人口众多，人均水资源占有量更小，且全省水资源分布不均，人均、公顷平均水量而言，信阳地区最多，许昌地区最少。

造成水文干旱的原因有以下几方面。

（1）河南省地表水地区分布不均，季节差异大。全省多年平均径流深为 189.5mm，豫南大别山区最高，达 600mm，豫北平原区仅为 40～50mm，豫东平原为 50～100mm。南北极值相差 15 倍。全省按耕地平均，每公顷耕地占有地表水量为 4500m³，但因为产流时间与用水时间不一致也只能部分利用。年径流量在季节分配上差别较大。河南省大部分地区汛期的径流量占全年的 2/3，而冬季的径流量仅占全年的 1/10，甚至更低，是全年径流最小的季节。豫东、豫北平原的河道，除较大降雨时，一年之中大部分时间流量很小，甚至断流。年径流量的变化也很大，1964 年最大，全省为 718 亿 m³，仅两年后便达到最小径流，仅 99.5 亿 m³，极值比为 7.2 倍。海河流域、淮河流域的倍比甚至可达 10.6 倍和 10.0 倍。

（2）地下水有限，需慎重开发。2012 年全省地下水资源量为 161.8 亿 m^3，比多年均值（196.0 亿 m^3）减少 17.4%。全省平原区总补给量为 118.2 亿 m^3，扣除井灌回归补给量后，平原区地下水资源量为 108.1 亿 m^3。平原区的地下水是农业灌溉的良好水源，但是其补给量有限，可开采量难以满足农业灌溉的要求。如果开发过量，则会导致地下水位下降，土壤旱情加重，且在地下形成巨大的漏斗区，增加环境隐患。2012 年末全省平原区浅层地下水位与上年末相比普遍下降，下降区广泛分布于黄河以南豫东平原、南阳盆地及豫北济源—淇县一带山前平原与沿黄地区等。中深层地下水的开发利用主要是城市工业、生活用水。山丘区也有部分开发用以解决人畜应用水困难问题。城市周围的深层地下水开发情况较为严峻，开采量大且开采范围小而固定，导致城市下方出现体积庞大的漏斗区，且部分城市深层地下水已出现被污染的情况。一旦地下水被污染而不适合饮用，要消除污染恢复天然状态可能需要数十年、上百年甚至上千年的时间。因此，深层地下水的开发利用需十分慎重。

（3）水资源供需不一致，过境水开发有难度。河南省豫东、豫北等 10 个地市耕地占全省耕地的一半，工农业总产值占全省总产值的 60%，但水资源仅占全省水量的 30%。这个地区的农业用水主要靠浅层地下水，大部分地区由于长期超采，地下水位逐年下降，豫北平原最为严重。南部和西部山丘地区水资源丰富但耕地少，南阳、驻马店两市水资源未得到充分利用，大量流失。而三门峡、洛阳两市地高水低，开发利用难度较大。同时，城市工业、生活用水要求均衡供水，农作物高产需要适时、适量供水，两者与水资源时间分配也不一致，增加了开发利用的难度。黄河三门峡站年均径流量为 413 亿 m^3，但由于冲沙用水和沿途各省用水，河南省引用水量仅为（30～40）亿 m^3。以此为例的其他水利工程供水都未完全利用。但由于工农业发展，上下游用水量的普遍增多，用水竞争越发激烈，制约因素也将随之越来越多。

2. 城市用水情况

供水是城市的重要基础设施，也是城市赖以生存和发展的制约因素。临水而居，自古皆然。1949 年，整个河南省只有焦作一座日供水能力仅千余吨的简易自来水厂，其他县镇均饮用井水或河水，主要靠私营售水维持社会用水。1950 年以后，全省城市供水开始起步发展，到 1959 年，郑州、洛阳、新乡、三门峡等城市相继建成自来水厂。1969 年，信阳、安阳、开封、鹤壁、许昌、商丘、驻马店、南阳等城市又相继建成自来水厂，全省日供水能力为 72.58 万 t。上述时期，城市初期发展，大多开发利用地下水源，以需定供，基本处于供需平衡状态。20 世纪 70 年代以来，工业产量和城市人口不断增长，用水量持续增大，城市地下水开采大于补给，地下水位开始出现下降漏斗，地表、地下水源逐渐受到污染，城市缺水事件时有发生，城市供水逐渐紧张，因此，一些大型地表水利工程开始修建并向信阳、平顶山等城市供水。90 年代全省的工业、生活用水大部分依靠水库、拦河闸等水利工程供水，年毛供水量为 6.42 亿 m³。当前城市供水能力虽有很大发展，但仍不能适应人口增加和工业增长的发展需要。若继续开采，许昌、漯河、商丘等地的地下水下降漏斗面积将占该地城郊面积的 70% 左右。地表、地下水水源污染严重，开封、平顶山、信阳地表水水质为 4 类水标准，城市地下水的水质已全部为 3 类水标准。郑州、新乡、许昌、商丘等地的季节性过境河流污染严重，城市水源环境恶化，供水紧张。进入 21 世纪后，水资源的保护和利用得到了一定的重视，城市水环境开始向好的方向改善。经过近几年的处理，过境河流的排污得到了一定的控制，污染得到了初步的治理，但还没有达到环境自净的标准。

3. 水资源开发利用与污染浪费情况

水资源的开发利用和任何事物的发展一样，都有其自身运行的规律。这种规律反映出水环境固有的状况和特点。在具有不同地域水资源和水环境条件的城市，开发城市水源的进程也不尽相同，根据河南省水资源的开发利用情况和发展趋势，可以概括为三个发展阶段，即自由开发、制约开发和综合开发阶段。

在 20 世纪五六十年代，人口、工业的数量和规模还不大，人们还未将水资源作为一种有限的经济资源来考虑。水源的开发往往采取单一的就地开采地下水源模式，以较少的投资获取廉价的水源，管理比较松弛，开发利用水源时有时会带有盲目性和破坏性，存在一些不合理的用水系统和浪费现象，但供水还不是很紧张。70 年代以后进入制约开发阶段，城市人口膨胀，工业迅速增长，因而要求供水量急骤多倍增加，再加上水体污染加剧，地下水过量开采，地下水位不断下降，缺水事件时有发生，蒙受了很大的损失，所以转向开发地表水源，从原来的农用水为主的水库，开始转向向城市供水。但开发地表水需要统一规划和大量投资，又由于水权管理体制的不统一，水源开发不可避免地要受到制约，开发水源、环境保护和管理应用还不能同步协调。所以，创造条件开创供水新局面，即进入综合开发的第三阶段便开始了。统一水权管理、全面规划、多方协作、多水源综合开发、建立合理供水机制，变废水为可用水，厉行节约用水，开源节流并举，更加合理地开发利用和保护水资源，保持水资源的动态平衡和生态平衡，形成供水机制的良性循环，以适应现在的供水需求。

根据 2012 年末蓄水量资料统计，河南省 22 座大型水库和 104 座中型水库蓄水总量为 47.80 亿 m³，比上年末减少 9.28 亿 m³。

按流域区统计，2012 年末河南省水库蓄水量与 2011 年比较情况见表 2-28 与图 2-34。

表 2-28　　　　　　　河南省水库蓄水量流域统计　　　　　　单位：亿 m³

年份	淮河流域	黄河流域	长江流域	海河流域	全省
2012 年	20.96	12.07	10.66	4.11	47.80
2011 年	25.65	14.90	11.99	4.52	57.08
差值	4.69	2.83	1.33	0.41	9.28

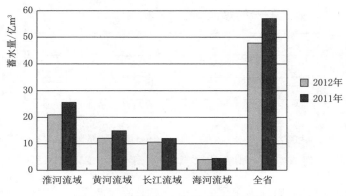

图 2-34　河南省水库蓄水量流域统计

2012 年河南省水资源总量为 265.54 亿 m³，收入水量为 643.06 亿 m³，支出水量为 607.76 亿 m³，非用水消耗量为 68.99 亿 m³，较上年增加 8.72 亿 m³。近年河南省用水情况见表 2-29。

表 2-29　　　　　　　　近年河南省用水情况

指标名称	2005 年	2010 年	2012 年	2013 年
人均水资源量/（m³/人）		569.70	252.47	228.69
用水总量/亿 m³	197.81	224.61	238.60	236.27
农业用水/亿 m³	114.59	125.59	135.50	135.52
工业用水/亿 m³	45.71	55.57	60.50	60.78
生活用水/亿 m³	37.51	36.11	32.00	33.28
生态环境补水/亿 m³		7.34	10.60	6.69

河南省 2003—2012 年各项用水指标的分析结果显示，全省生活用水总量基本持平，变化不大，呈缓慢增加趋势。工业用水则因产业规模的不断扩大，需水量也在逐步增多。但由于引进了更高效的节水和排污处理水循环利用设备，并且不断优化产业结构，淘汰重污染行业，水环境保护的管理也逐步完

善，所以工业用水总量的变化幅度低于工业产值的变化幅度，表现为近几年的万元工业产值用水量及万元 GDP 用水量指标均呈逐年下降趋势；农业用水由于受各类自然和人为因素影响，逐年各地均有差异。河南省 2003—2012 年用水指标变化趋势见图 2-35。

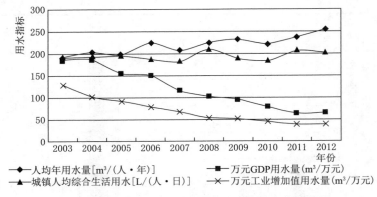

图 2-35   河南省 2003—2012 年用水指标变化趋势图

河南省人均水资源仅为全国的 1/5，缺水情况严重。省境内平原地区，埋深为 60～100m 的浅层地下的地下水水质较差，化学耗氧量、各类硝酸盐亚硝酸盐和一些重金属离子皆超标。埋深为 100～500m 的中深层地下水，水质优于浅层地下水，大部分地区水质比较稳定，水质良好。2012 年，全省仍有 21.7% 劣 Ⅴ 类水质；在监控的 23 座大型水库中已有 3 座水库出现水体富营养化现象，水质受威胁。近年河南省废水排放量见表 2-30。

表 2-30   近年河南省废水排放量

指 标 名 称	2005 年	2010 年	2012 年	2013 年
废水排放总量/亿 t	26.26	35.87	40.37	41.26
工业废水排放量/亿 t	12.35	15.04	13.74	13.08
城镇生活污水排放量/亿 t	13.91	20.83	26.62	28.17
集中式治理设施污水排放量/亿 t			0.01	0.01

河南省水污染主要表现在以下几个方面：

第一，河南省污水处理配套设施不完善，污水处理质量低。目前全省共有投入运营的污水处理厂 19 座，日污水处理量为 727.9 万 t。但由于资金短缺和污水处理费用大，全省县级以上城市生活污水处理率可达 84%，但乡镇污水处理率仅为 9%。经济发展和人民生活要求的不断提高意味着污水排放量的增多，所以现阶段的污水处理设施和污水处理系统还跟不上发展的脚步，不能完全满足需求。

第二，随着工农业的发展，工农业用水的污染规模也在加大。2012年，河南省化肥农药使用量比上年增长了14％左右，大量的农药化肥经过河川径流溶入地表水，或经渗溶作用进入地下水造成污染。在养殖方面，大型养殖场的粪便排污处理设施已比较完善，但小型养殖场和散户养殖的排污处理还有待加强。另一方面，河南省工业比重较重，工业排污呈现排污量大、排污集中和水资源利用率有待提高等现象。随着国家产业结构调整改革，第三产业的用水和排污也会随之增加，而城市的整体污水处理还需进一步完善。

第三，医疗污水也是河南省水污染的主要来源之一。目前，全省各市均建立了医疗废物集中处理中心，县级以上医疗机构也设立了污水处理设施。但是，现存的问题是，普遍的二级以下医疗单位污水处理设施老化，部分小型医疗机构还未有污水处理措施，在这方面的集中管理还需重视并及时解决。

目前，河南省已建立覆盖全省的水环境监测系统，包括省域内地下水和河川径流。饮用水不足和饮用水安全问题也已纳入国家"十二五"计划，总投资近250万亿元，人均投资占全国第一。在今后的水环境保护和治理中，要明确各级政府的主要负责人是该地区环境保护和污染治理的第一责任人。把环境治理和保护纳入任期内工作任务中并参与年终政绩考核，在管理上从严治理。另外，要加大水污染治理投入，建立水环境生态补偿机制；鼓励民间资本投入污水处理设施建设中；联合环保部门和公安部门对违反破坏水环境的举动进行联合执法，尽可能地完成禁养区内的养殖场和散户搬出禁养区并进行资源整合；淘汰落后的工业生产线和老化排污处理设备，启用新型节水环保的新工艺；全面监督医疗废物的处理过程，确保其污染得到控制；引导企业和人民建立良好的环保和节水理念，鼓励社区和企业内进行各类水环境保护活动。

第三章 河南省农业灾害风险评价

一、研究内容和技术路线

（一）研究内容

本章在国内外农业干旱灾害的研究成果基础上，对不同研究者的观点进行筛选、整合，以期能在此基础上有所创新突破。本章分析了河南省近 60 年的农业干旱特征，选取合理的干旱指标对农业干旱风险进行识别，从自然条件、气象特征及社会经济等方面来分析河南省农业干旱致灾机理。以河南省为研究区，通过对地区气象、水文、社会经济等数据进行处理，得到农业干旱的危险性指标、脆弱性指标、暴露性指标、防灾减灾能力指标以及河南省农业干旱风险评价指标体系，在运用层次分析法得出各因子的权重的基础上进行加权综和，从而建立农业干旱灾害风险评估模型，经运算得到河南省各地市农业旱灾综合风险值，用以表征农业干旱灾害风险程度。借助 GIS 软件对河南省农业干旱风险进行区划，绘出河南省农业干旱灾害风险评价区划图，为抗旱减灾工作提供参考。选取郑州、新乡、三门峡、商丘、南阳作为典型区，利用信息扩散理论计算出各市各等级干旱概率分布，并进行对比分析。主要研究内容如下：

（1）河南省干旱特征和成灾机理的研究。通过搜集河南省各市历年降雨和旱灾受损资料，分析河南省不同等级干旱发生概率和灾损年际变化情况。根据各地的干旱频率和灾损情况来分析河南省干旱灾害的发生规律。结合河南省各地市的水文气象资料及社会经济等对河南省干旱灾害成灾机理进行初步探讨。

（2）河南省农业干旱灾害风险评估模型的建立。根据自然灾害风险理论和干旱灾害风险的形成原理，从干旱灾害风险的四因子即危险性、暴露性、脆弱性、防灾减灾能力出发，构建干旱灾害风险评价的指标体系，利用层次分析法计算各因子层的权重，从而构建河南省农业干旱灾害风险评价模型。

（3）河南省农业干旱灾害风险的评价分析。分别从危险性、暴露性、脆弱性及防灾减灾能力 4 个子系统出发，分析各地区的风险等级，利用 GIS 软件绘制各个因子的风险分布图，利用加权综合平均法将 4 个子系统综合，得出河南省农业干旱灾害综合风险值，绘制河南省农业干旱风险分布图，对各个地区的风险大小形成原因进行分析。

（4）典型区农业干旱风险分析。选取新乡、三门峡、南阳、郑州、商丘作为农业干旱灾害风险概率评估典型区，利用最优分割法和模糊信息分配法对典型区的旱灾进行模糊评价，并着重分析了典型区各市农业干旱风险概率值的大小。

（二）技术路线

本章研究技术路线见图 3-1。

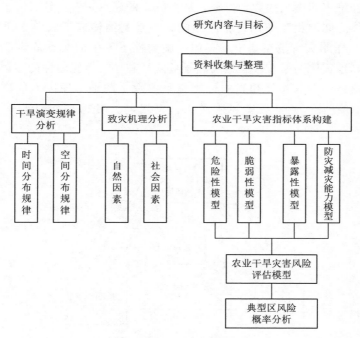

图 3-1　研究技术路线图

二、河南省农业干旱特征

（一）研究区概况

河南省位于黄河中下游，坐落于中国的中东部，地处北纬 31°23′～36°22′、东经 110°21′～116°39′之间，东接安徽、山东，北接河北、山西，西接陕西，南临湖北。河南是我国人民南来北往、西去东来的必经之地，也是各族人民频繁活动和密切交往的场所。现代的京广、京九、焦枝、陇海、新菏等铁路干线纵横交织于河南，这种优越的地理位置和方便的交通条件更加密切了河南与全国各地的联系。无论从与全国经济联系考虑，还是从相邻省区经济技术交流着想，河南均处于中心位置。在当前大力发展社会主义市场经济、开发中西部地区的形势下，河南省对全国经济活动承东启西、通南达北的重要作用是其他省区不可比拟的。

（二）农业干旱致灾机理分析

农业干旱灾害风险是多种因素共同作用的结果，它涉及气候、大气、耕种作物以及人类对资源所造成的各种积极和消极的影响等各方面因素，所以农业干旱是一种极其复杂多变的自然灾害。农业干旱是一种与气候变化、自然环境、社会经济密切相关的物理过程，从系统论的观点来看，致灾因子、孕灾环境、承灾体之间的相互作用、相互影响、相互制约构成了农业干旱灾害系统（图3-2）。干旱灾害是在基于承灾体的脆弱性下发生的具有危险性的干旱事件。其中，承灾体的暴露性是致灾因子危险性和承灾体脆弱性的接触面，是脆弱性的先决条件；危险性和脆弱性则是旱灾发生的根本原因。危险性、脆弱性、暴露性越大，干旱灾害风险越大；反之，三者越小，则干旱灾害风险越小。

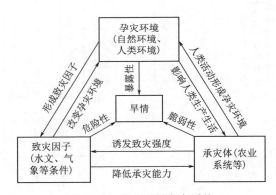

图3-2　农业干旱灾害系统

由于河南省地处两个过渡带，省内的降水时空分布严重不均，水土资源组合的不平衡等是导致干旱灾害频繁的主要自然因素，气候变化和人类对水资源的不合理开发利用等一些不适当的人类活动因素也加剧了干旱灾害的发生。本书从致灾因子、孕灾环境、承灾体三方面对河南省农业干旱的致灾机理进行研究。

1. 致灾因子

所谓致灾因子是指能够引起农业干旱灾害并且降低农作物产量的因素。致灾因子大多源于农业系统中物质和能量的时空变化发生较大偏离；降雨量是导致农业干旱的主要气象因素；温度过高导致的蒸发量过大也是造成农业干旱的影响因素之一。在水资源总量减小的情况下，由于经济发展需要，工业、生活、农业用水之间的分配矛盾日益突出。

(1) 气象条件。河南省年平均降水量为 600～1200mm，降雨量分布在省内地域差异很大。豫西、豫北等地年平均降水量不足 600mm，是河南省降水量最小的地区，豫南的年降雨量为 1000～1200mm，是全省降水最多的地区。河南年降水量分布有自南向北逐渐递减、山区多于平原和丘陵地区的特点。降水量的时空分布不均匀直接导致的农业干旱的严重程度由南往北逐渐递增，河南年降水量的时空分布不均以及降水的不稳定性极易引起旱涝灾害。夏季的降雨量占全年的 45%～60%，降雨量为 300～500mm，同时由于夏季温度较高，蒸发量也最大，而农作物的生长需水大都来自于降雨，这就导致夏季的干旱灾害最为严重。秋季的降雨量占全年的 25%，降水量为 100～200mm，冬季降水量不足全年降雨量的 10%，降雨量为 20～100mm。河南省的年、季降水量变化幅度都很大，有些多雨年往往超过常年降水量几倍，少雨年只占年降水量的几分之一。

全省年平均气温为 14℃左右，自北向南从 12℃递增至 15℃，春季干旱风沙多、夏季炎热雨丰沛、秋季晴朗日照足、冬季寒冷雨雪少，气候有利于多种植物的生长。由于受地形影响，豫西部和太行山区年平均气温在 13℃以下，是全省平均气温较低的地区。高山气温更低，嵩山气象站测为 9.5℃，伏牛山区的老君山海拔为 2192.1m，年平均气温为 4.2℃，为本省年平均气温最低值。豫南南阳盆地，地理纬度较高，受盆地地形的影响，是全省平均温度最高的地区。河南年蒸发量为 1400～2200mm，分布特征与年降水量恰好相反，平原、丘陵区大于同纬度山区。各地多以 6 月蒸发量最大，12 月或 1 月蒸发量最小，夏季降雨量、蒸发量大，冬季降雨量、蒸发量小，在农作物生长的关键时期，蒸发量较大，影响农作物的生产，因而造成河南多夏旱的特点。

(2) 水资源。河南省水资源贫乏，水资源开发利用效率较低。人均水资源量仅有 417m³，远远小于全国平均水平，全省多年平均水资源总量为 403.53 亿 m³，其中地表水资源量为 302.66 亿 m³，地下水资源量为 196.00 亿 m³，地表水与地下水重复计算量为 95.13 亿 m³，河南省海河、黄河、淮河、长江流域水资源量分别为 27.62 亿 m³、58.54 亿 m³、246.08 亿 m³ 和 71.29 亿 m³，分别占全省总量的 6.8%、14.5%、61% 和 17.7%。

河南省水资源总量在全国属于相对比较贫乏的地区，其中耕地面积的水资源占有量仅占全国的 20% 左右。河南省中部平原的水资源量小于西南山区，水资源时空分布严重不均。近年来，随着环境变暖，河南省内水资源总量明显减少，小河从先前缺水状态变为干涸状态，大河出现持续性缺水，水库蓄水甚少，径流量、水库蓄水量和地下水资源量的减少，导致用于农业灌溉的水量减少，从而一定程度上影响了农作物的生长，导致全省大部分地区都出现旱情。

水资源紧缺、水体污染和水生态环境恶化直接制约着河南省社会、经济的可持续发展。由于部分地区地下水开发利用程度已超过了允许的地下水资源可利用限度，开采程度过大，大大削弱了水的再生恢复能力，造成了非常严重的水生态问题，同时人口的增加导致用水量的增多，无疑降低了水资源的恢复能力。河南省属于资源型严重缺水地区，水资源供需矛盾十分尖锐，特别是农业用水利用程度不高，导致了农业旱情频率大大增加。河南省河川年径流的分布情况与降水量的基本形同，即南部大于北部，山区大于平原。河南省的地表径流年内分配不均，年际变化很大，夏季多洪涝灾害，冬春季节降水量较少，径流也很小，有的地区甚至出现了干涸断流情况。

2. 孕灾环境

所有可能使人类社会受到生命财产损失的自然力或自然现象都孕育在特定的环境中，大部分干旱事件的发生都有特定的时空范围和人文条件。孕灾环境会对干旱产生增加或减弱作用，其对干旱的影响主要包括自然因素和社会经济因素两个方面。自然因素也是先天性因素，包括地形地貌、气候条件以及水文条件等；社会经济因素包括社会经济发展水平、产业结构、农作物的种植结构、农业基础灌溉设施、防灾减灾保障体系和人们的抗旱意识等。干旱灾害的发生受一个地区的降雨量、水文、气象条件等的影响，生态环境是否良好则直接决定这个地区的水土保持情况，良好的生态环境能够保持水土，涵养水源，使农业生产系统保持稳定的状态，进而也能减弱干旱灾害损失强度。水利基础设施的建设程度与人类的经济发展水平也与一个地区的干旱密切相关。在一定的致灾强度下，防灾减灾能力、经济水平、人类应对干旱灾害的能力的不同会对灾情起"放大"或"缩小"的作用。

（1）地形地貌。河南省是我国地质条件比较优越的省区之一，省内地质条件复杂多变，地层系统构造齐全、形态多种多样。河南的地貌主要有两个特点：其一，地势西高东低，东西差异明显；其二，地表形态复杂多样，山地、丘陵、平原、盆地等地貌类型齐全。河南省内有绵延的山地，也有坦荡的平原，还有波状起伏的丘陵以及丘陵环绕着的盆地，地貌类型复杂多样，为农业和工矿业的发展提供了有利的先天条件。豫西北、豫西和豫南地区是河南省山脉集中分布区，豫东、豫中、豫北的平原地带是由黄河、淮河和海河冲积而成的，亦称黄淮海平原。

河南省内平原面积为 9.3 万 km²，约占全省总面积的 55.7%（包括南阳盆地），山丘丘陵面积为 7.4 万 km²，占河南省总面积的 44.3%。山区的主体是中山、低山和丘陵，也有小面积的山间盆地和山间河谷平原，其中平原和盆地、山地、丘陵分别占总面积的 55.7%、26.6%、17.7%。由于河南各地形情况复杂，造成省内各市的干旱不均性差异明显。

（2）土壤类型。河南省作为农业大省，农业开发历史悠久，土壤类型较多。河南省土壤分布多种多样，成土母质主要有残积坡积物、洪积物、黄土与红土、河湖相沉积物、河流冲积物、风积物等6种类型。河南省土壤类型多样，主要有潮土、粗骨土、风沙土、褐土、红黏土、黄褐土、黄棕壤、碱土、砂姜黑土、山坡草甸土、水稻土、新积土、盐土、沼泽土、中性石质土、紫色土和棕壤等17种。豫西、豫北的浅山、丘陵以及豫中的平原西部主要分布着褐色土，褐色土属于不利于农业生产的旱作土壤，豫北、豫东的黄河冲积平原以岩土为主。河南省的土壤分布特点也是河南省农业干旱的重要影响元素之一。

　　（3）气候条件。河南省处于暖温带和亚热带气候交错的边缘区域，冷暖空气交汇频繁，季风气候尤其明显，气候具有明显的过渡性特征，灾害天气频发，特别容易造成旱、涝、沙尘暴、冰雹以及霜冻等多种自然灾害。根据河南省气候差异和地形等因素，将河南分为淮南、南阳盆地、淮北平原、豫东北、太行山、豫西丘陵、豫西北7个气候区（表3-1）。

表3-1　　　　　　　　　　河南省气候分区

名　称	范　围	气候条件	生产特点	主要气象问题
淮南气候区	淮南以及淮滨、息县、正阳的一部分	年平均气温大于15℃，年降水量大于900mm，无霜期为220天，大于等于10℃的活动积温大于4800℃	稻麦两熟，信阳至叶集公路南侧可种植亚热带作物	春雨多，小麦易受湿害，冬季低温有时会影响亚热带作物安全越冬
南阳盆地气候区	南阳地区除南召、方城以外的其他县份	年平均气温大于15℃，年降雨量大于700mm，无霜期为220天，西南部无霜期为230天，10℃以上的活动积温为4800℃	稻麦两熟，老灌河谷地区宜于亚热带作物生长	夏季旱涝多，尤以"卡脖旱"为严重
淮北平原气候区	周口，驻马店及许昌部分地区	年平均气温14～15℃，年降水量为800mm，无霜期为210～220天，大于等于10℃的活动积温为4700℃	稻麦两熟	夏季雨涝多，4～5年一遇
豫东北气候区	濮阳市，商丘地区，开封市的杞县、尉氏县以北，新乡地区的延津、武陟以东县份	年平均气温为13～14℃，年降水量为600～700mm，无霜期为210～220天，大于等于10℃活动积温为4400～4600℃	一年两熟，秋季宜高秆耐涝作物，常年积水的背河洼地可种水稻	春旱频繁，2年一遇以上，并有风沙；夏秋涝2年一遇

名　称	范　围	气候条件	生产特点	主要气象问题
太行山气候区	安阳市的林县，新乡地区的武陟以西地区	年平均气温为12～13℃，年降水量为700mm，无霜期不足200天，大于等于10℃活动积温小于4300℃	高寒山区宜于以春玉米为主的一年一熟制	夏季基本无涝灾，但表土冲刷严重
豫西丘陵气候区	黄河以南，京广线以西，海拔500m以下地区	年平均气温为13℃，年降水量小于600mm，无霜期为190天，大于等于10℃活动积温为4400～4600℃	平川一年两熟，丘陵区以"晒旱麦"为主的两年三熟制	夏季"卡脖旱"危害秋天，暴雨时水土流失严重
豫西北气候区	洛阳地区的栾川等县份	年平均气温小于10℃，年降水量为700～800mm，无霜期为180天，大于等于10℃活动积温小于4000℃	南坡麦一年两熟，上限800m，1000m以上的深山宜林牧副业	夏秋有连阴雨

河南省处于暖温带和亚热带的过渡地带，南北气候的优点兼而有之，气候温和，冬季雨水少，夏季蒸发大，春秋干旱风沙多，有利于多种植物的生长。河南西靠广阔的欧亚大陆，东近浩瀚的太平洋，冬夏海陆温差明显，风向随季节变化显著。季风气候对农业来说是一把"双刃剑"，对农业既有有利的影响也有不利的影响，不利的影响主要体现在它的不稳定性，造成了灾害性天气频繁，具体表现在年降水量的时空分布不均导致旱涝灾害的不稳定性。

（4）水文条件。河南省多年平均河川天然径流总量为313亿 m³，其中淮河流域为178.5亿 m³，长江流域为66.94亿 m³，黄河流域为47.4亿 m³，海河流域为20亿 m³。全省水资源总量为413亿 m³，位居全国第19位。水资源人均占有量为440m³，位居全国第22位，占全国的1/5，占世界的1/20。

河南省内共有1500多条河流。黄河横跨河南省中部，境内干流长711km，流域面积为3.62万 km²，约占全省面积的20%以上。淮河横跨河南省中南部，支流众多，水量丰沛，干流长340km，流域面积为8.83万 km²，约占全省面积的50%。北部的卫河、漳河流入海河，西南部的丹江、湍河、唐白河注入汉水。河南省的水质总体来说是比较好的，大部分河水都适合工业生产、种植农业和生活用水。由于全省幅员广阔，自然条件差异大，各地水化学的特征有明显的差异。

（5）社会经济条件。河南省是中国第一农业大省、第一粮食生产大省、第一粮食转化加工大省，同时也是重要的经济大省、迅速与发展的新型工业大省，在全国占据着十分重要的地位。面对国内外严峻的形势，河南省为全面建设中原经济区，主动适应经济发展新常态，经济结构顺应潮流进行调整，实施了中原崛起河南振兴总体战略，经济发展总体持续上升，保持了较好的趋势，发展质量不断提高。2015 年，河南省各项事业全面发展，"十二五"规划胜利完成。2015 年年末全省总人口为 10722 万人，自然增长率为 5.65‰。全年取胜生产总值高达 37010.25 亿元，第一产业、第二产业和第三产业分别增长4.4％、8.0％和 10.5％，三次产业结构为 11.4∶49.1∶39.5，第三产业所占比重大幅增加。全省粮食播种面积为 1026.715 万 hm²，比上年增长 0.6％，全年粮食产量为 6067.1 万 t，比上年增长 5.1％。全年全省进出口总值为4600.19 亿元，比上年增长 15.3％，河南省的经济对华中地区以及全国的发展起着重要的作用。

3. 承灾体

承灾体是致灾因子作用的对象，同时也是受到灾害损失的对象。灾害只有作用于人类或社会经济活动且造成损失时，才能形成灾害。在荒无人烟的沙漠中，即使滴雨未下，并无干旱灾害而言。农业干旱灾害的承灾体主要是包括农作物在内的农业生态系统。作为人类活动所在的社会和各种资源的整合，承灾体既与自然灾害的强度和方式有关，也与灾害的性质、构造及灾害发生时的条件有关。干旱灾害受承灾体的影响主要表现在暴露性和脆弱性两个方面。在人口密度大、经济发展快、财产集中的大城市，发生旱灾时损失会很严重；在地广人稀的地区，发生旱灾时损失则会较小。承灾体的暴露性特征要素主要包括承灾体的范围大小、种类多少、密度、数量以及价值等。承灾体的暴露性定量指标包括人口密度、地均大牲畜、人均 GDP、农作物播种面积等。承灾体的脆弱性要素主要包括粮食产量的多少、旱灾成灾面积和干旱造成的直接农业损失情况等。

（1）农作物播种面积。河南省连续 10 年粮食产量居全国之首，农作物播种面积总趋势呈缓慢而稳定增长的态势。有关资料统计，1978—2008 年的 30年间共增加了 321.5 万 hm²，总增长幅度为 29.3％。在作物生长发育的关键时期，如果降水不及时，土壤中的水补给跟不上作物生长需要，农作物的生长就会受到抑制，严重时甚至引起作物减产或枯死。农作物播种面积大，作物生长对水资源的需求量就越大，在水资源总量逐渐减少的情况下，旱情出现的频率就会越来越大。

（2）耕地资源。土地资源数量是有限的，人口增长却是无限的。河南以全国 1.74％的土地，养育着全国 7.5％的人口，全省人均土地资源仅有0.07hm²，还没达到全国平均水平的 1/4。由于人口基数庞大，人口数量增加的速度过快，导致人多地少的矛盾更加突出。河南是我国最早开发农业的地区之一，土地开发利用程度高，目前全省未利用的土地面积为 167

万亩，仅占河南省总面积的 0.67%，后备耕地资源严重不足，节约利用土地将是未来河南经济发展急需解决的关键问题。

河南省平原地区的耕地面积达到全省耕地面积的 75%，丘陵区的耕地面积仅占 25%。由于受复杂的地貌、过渡性的气候以及水文、土壤等自然因素的影响，河南土地资源在地域分布上呈现出明显的差异性，河南省内各地区开发土地资源的条件也有较大的差别。东部黄淮海平原和南阳盆地中部和东南部有着适宜作物生长的水土组合，开发条件优越，是全省耕作农业的主体，同时也是水浇地和水田的集中分布区；豫西丘陵山区和南阳盆地边沿地区主要种植旱作物，由于该地区的水资源分布严重不足，而且土壤质地较差，土地资源开发利用难度比较大，投入产出效益小，适合种植果树；南部亚热带湿润丘陵山地则有较好的水热条件，土地开发潜力较大，具有发展亚热带林果业的优越条件。

由于人口的持续增长，粮食的需求量越来越大，以及为满足防沙、防洪的需要，大量树林被种植，造成近年来河南省土地开发利用程度越来越大，耕地面积逐年增长，导致降雨不足与耕地水资源需求之间的矛盾越来越大。各地为了满足灌溉需要，加大力度开发甚至超采利用水资源，直接导致的后果是水资源生态环境等各个方面失衡，由此导致的干旱问题越来越严重。

（3）人口密度。河南作为我国的人口大省，到 2008 年年末总人口数高达 9918 万，比甘肃、内蒙古、新疆、海南、宁夏、青海、西藏 7 个省（自治区）的人口之和还要多出 550 万人，全省 20 个县的人口超过百万。人口数量增加导致各项资源的需求量增加，人均资源占有量减少，在地球上资源一定的情况下，人口增多导致人均耕地、人均水资源的减少，势必给农业生产系统增加压力。人类作为最具创造性的生产要素，利用新的高科技来增加农业生产的效率，建立各种防灾减灾工程，制定各种应对干旱灾害的措施，以此来提高防灾减灾能力，并通过提高农业耕作技术以及农业管理能力，来降低农业干旱灾害的损失。由于人们无限度地对自然资源进行掠夺性的开采，使得资源最大限度地被利用，这种破坏行为也使人类自己受到了大自然的惩罚，如毁林开荒、陡坡开垦、围湖垦殖等，引起沙漠化、水土流失及生态环境的破坏等。

（4）农业设施。农田水利灌溉设施不足是制约我省农业发展的主要因素，农业的发展主要靠水利设施的建设和完善来弥补农业用水的不足。农业生产主要受自然环境的影响，降水量高的时候收成较高。由于河南省是农业大省，农业水利灌溉设施建设较早，人口的增长导致粮食的需求量增大，农业需水量也

---

❶ 1 亩≈666.667m²

大大增加，现在的灌溉设施的灌溉能力已经不能满足农业生产的需要，因而致使农业系统承灾能力下降。农田水利灌溉设施的建设成本高，维护费用高，是带有公共物品属性的设施，私人不愿也无力投资建设，而以政府为主体的单一性供给存在垄断、供给效率低、财政负担大等诸多问题，因而，农田水利设施的供给出现了市场和政府的"双失灵"，从而使现有的水利灌溉能力不足，当农业系统遭受干旱时，往往损失不可估量。河南省当前投入使用的农田节水灌溉措施很少，虽然修建的比较多，但是由于设备运行的效益比较低，造成很多设施在建成后很少使用，因此应该学习国内外先进的科学技术来改良节水灌溉设施，提高设备效益的同时也要考虑到设备的维护费用问题。近年来，随着高效率水利灌溉设施的引进，全省农业灌溉能力和效益也有很大的改善，有效灌溉面积比例大大增加，由原来的 5.9％增至现在的 69.3％。由于农作物总播种面积有所增加，河南省约 30％的耕地抵御自然灾害的能力仍然十分低下，当遇到年内或年际连续干旱时，粮食收成很容易受到自然条件的牵制，遇旱则容易发生旱灾。

综上所述，河南省境内土壤种类繁多，地形地貌复杂，农业干旱的孕灾环境比较复杂。降水在河南省内时空分布严重不均匀、灌溉能力不足、水资源利用率低等是农业干旱风险的主要致灾因子。由于人口增多，农作物播面积增加，发生旱灾时，承灾体的脆弱性也较大。由于种植结构不合理，水资源开发利用程度较大，部分地区超采严重，已经超出了水资源的承载能力，导致的直接后果是农业干旱损失惨重，人口数量增加，人类活动干扰较多，在地球上资源一定的情况下，人均耕地、人均水资源减少，大大增加了农业生产系统的压力。

（三）干旱特征分析

降水在河南省的空间和时间分布上存在着严重不均匀现象，农作物的生长主要受降水量的影响，降水历年来是影响河南省农业干旱的主要原因。在时间上，夏季降雨集中，占全年降水的 5 倍之多，冬季降水稀少，仅占全年降水总量的 1/5。在空间上，北部的降水远远少于南部。下面从河南省干旱的空间、时间分布特征以及干旱季节性分布等方面对干旱特征进行分析。

1. 干旱空间分布

农业干旱在河南省的分布差别主要体现在地区的不同。通过分析河南省 1962—2012 年降水资料，选取降水距平百分率为旱灾识别指标，对干旱进行辨识，参照干旱等级划分标准（表 3-2），得出河南省近 50 年各等级干旱频率（表 3-3）。

表 3-2　　　　　　　　　　降水距平百分率等级划分标准

旱 情 等 级	月 尺 度
轻度干旱	$-60 < P_a \leqslant -40$
中度干旱	$-80 < P_a \leqslant -60$
重度干旱	$-95 < P_a \leqslant -80$
特大干旱	$P_a \leqslant -95$

用降水距平百分率作为干旱指标，降水距平百分率的计算公式为

$$P_a = \frac{P - \overline{P}}{\overline{P}} \times 100\% \qquad (3-1)$$

式中　P——某时段的降水量，mm；

　　　$\overline{P}$——多年平均同期降水量，mm。

假设致灾因子强度的样本总数为 n 个，l_i 为任一干旱致灾强度值，样本中大于 l_i 的样本个数为 m，则致灾因子强度 l_i 出现的频率为

$$P_i = P(l > l_i) = \frac{m}{n} \times 100\%, \quad i = 1,2,3,\cdots,n \qquad (3-2)$$

重现期为

$$Y_i = \frac{1}{P_i} \qquad (3-3)$$

重现期是指大于等于或小于等于某一水平的随机事件在较长时间内重复出现的平均时间间隔，常以多少年一遇表达。

表 3-3　　　　　　　　河南省 1962—2012 年各地干旱频率　　　　　　　　　　%

城　市	轻　旱	中　旱	重　旱	特　旱	总　计
安阳	8.66	13.56	16.50	14.22	52.94
鹤壁	8.99	14.54	15.52	15.03	54.08
济源	12.75	14.22	13.89	10.95	51.80
焦作	10.78	15.52	13.24	12.58	52.12
开封	9.48	16.18	12.75	12.09	50.49
洛阳	12.42	14.05	12.58	9.48	48.53
漯河	11.11	15.03	13.07	8.50	47.71
南阳	10.95	15.03	12.25	6.05	44.28
平顶山	11.44	15.03	13.24	8.66	48.37
濮阳	9.97	13.40	16.18	14.87	54.41
三门峡	11.11	12.42	12.58	9.64	45.75

续表

城　市	轻　旱	中　旱	重　旱	特　旱	总　计
商丘	13.56	15.03	12.09	10.46	51.14
新乡	9.31	15.20	14.05	14.05	52.61
信阳	13.24	11.44	10.62	4.25	39.54
许昌	11.11	16.34	13.56	9.31	50.33
郑州	9.31	15.85	13.89	10.95	50.00
周口	12.42	14.05	11.11	9.48	47.06
驻马店	11.27	13.40	11.76	7.03	43.46

由表 3 - 3 可以看出，近 50 年来发生轻旱频率最高的为商丘，频率为 13.56％，重现期望为 7 年/次；轻旱频率最低为安阳，频率为 8.66％，约 11 年/次；中旱频率发生最高的为许昌，频率为 16.34％，约 6 年发生一次；中旱频率最低的为信阳，频率为 11.44％，重现期为 8 年/次；重旱频率最高的地区为安阳，频率为 16.5％，约 6 年发生一次；重旱频率最低的地区为信阳，频率为 10.62％，约 9 年发生一次；特旱频率最高的地区为新乡，频率为 14.05％，约 7 年发生一次；特旱频率最低的地区为新阳，频率为 4.25％，约 23 年发生一次；50 年来干旱总频率最高的地区为濮阳、鹤壁，频率分别为 54.41％、54.08％；干旱总频率较低的地区为信阳（39.54％）、南阳（44.28％）。总的来说干旱频率豫北大于豫南，这与降雨量南北分布差异的情况基本吻合。

总体而言，干旱灾害在河南省的影响范围不断扩大。随着经济的快速发展，人们的生活水平不断提高，人口数量不断增加，使得水资源的需求迅速增加。近年来，河南农业干旱灾害的影响范围有由北往南逐渐蔓延、从西向东扩张的趋势，受旱区域由以前的豫北等地逐渐覆盖河南全省，从以前农业灾害为主扩张到生产、生活、生态等各个方面。

2. 干旱时间分布

中华人民共和国成立后，大力发展灌溉事业，抵抗干旱的能力得到了较大的提高，但干旱灾害仍是影响农业生产的重要原因。1949—1985 年间，共出现干旱 15 次，平均每隔 6～8 年出现一次大旱，每隔四年出现一次中旱。1961 年河南省受旱情况最为严重，受旱面积达 4276 万亩，其中成灾面积为 3280 万亩，占干旱面积 76.7％。通过搜集河南省 1960—2014 年每年的干旱受灾面积和成灾面积，得到近 50 年河南省干旱受灾面积和成灾面积变化，如图 3 - 3 所示。

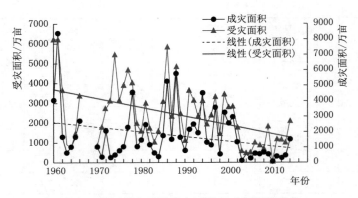

图 3-3　河南省干旱受灾面积和成灾面积变化

　　河南省干旱受灾面积和成灾面积变化如图 3-3 所示（1967—1969 年数据缺失），河南省在近 50 年间干旱情况每年均有发生，受灾面积和成灾面积都呈下降趋势。1960 年、1961 年、1962 年、1966 年的干旱灾害面积较大，该时期主要是各种水利设施不完善，而且当时洪涝灾害也比较严重，河道的防洪排洪能力较弱，连年的旱涝灾害，导致农作物受灾损失惨重。1974 年、1977 年、1978 年三年的受灾面积较大，主要由于这三年降水减少，干旱频率增加，进而引发农作物干旱。1986 年、1988 年两年的受灾面积最大，主要由于在1985—1988 年间河南省出现了连续 5 年的干旱，尤其是 1986 年、1988 年的特大旱灾，这两年干旱灾害在近 60 年内最为严重。1991 年、1992 年、1997 年、1999 年这四年干旱受灾面积较大。21 世纪以来旱灾的成灾面积和受灾面积都出现了大幅度的下降，主要由于开始重视水利设施建设，兴修水利水电工程，干旱预防工作实施到位，受灾损失相对较少。

　　无论是对受灾面积还是对成灾面积的分析都表明，河南省旱灾发生的次数较多，即使在大涝年份同样会有局部旱灾，近年来旱灾受灾面积和成灾面积总体上呈减少的趋势，表明河南省农业抗旱设施的不断完善对防旱抗旱工作起了一定的缓解作用。

　　3. 干旱季节性分布

　　河南省季节性干旱特征比较明显，河南省从东到西为平原—丘陵—山地的地貌类型决定了从东到西有着不同的气候特征，对降水量的时空分布也有很大的影响。河南省降水量分布的季节特点是：春季降水稀少、干旱、多风沙；夏季降水量多而集中；秋季降水相对也较多；冬季降水相对比较少。河南省季节性干旱在每年中任意时段都有发生，总的来说包括春夏连旱、春旱、夏秋连旱、冬春连旱等多种形式。据有关资料统计，春旱、夏旱、秋旱、冬旱占旱灾的比例分别为 29.7%、41.3%、15.7%、13.3%。河南省近 50 年来每月降雨蒸发如图 3-4 所示。夏季是河南省干旱灾害发生频率相对较高的季节，6 月的蒸发量约为其降雨量的 2 倍，7 月的降雨大于蒸发，但 8 月蒸发和降雨程度相同。夏季虽然降雨量大，但蒸发也较大，这也是夏季干旱频率高于其他季节的主要原因，其次是春旱、秋旱，冬旱发生的次数相对较少，各个季节的平均蒸发量均大于降水量，这同时也是河南省旱情越来越严重的主要原因。

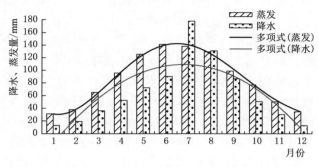

图 3-4　河南省每月降水、蒸发图

三、河南省农业干旱灾害风险评价指标体系建立

农业干旱灾害风险包含致灾因子、孕灾环境、承灾体和防灾减灾能力四个因子，农业干旱灾害风险是在这四个因子综合作用下的结果。这四个因子风险的大小分别由相对应的不同的指标决定，按照指标选取的原则，选择可以分别代表致灾因子危险性、孕灾环境敏感性、承灾体易损性和防灾减灾能力这四个因子相对应的指标，以期建立一个适合河南省的农业干旱灾害风险评价的指标体系。

（一）评价指标的选取

农业干旱灾害风险指标的选取是否合理直接关系着风险评价结果是否真实客观，只有对农业干旱风险进行系统全面的分析，在分析的基础之上选取适当的指标，并对选取的合理的指标进行一定的处理，通过对结果进行合理科学的评价，才能真实地体现对研究区的农业干旱灾害风险评估。农业干旱风险要素系统包括致灾因子子系统、孕灾环境子系统、承灾体子系统以及人类社会经济子系统，这四个方面相互作用、相互影响。在进行风险评价时要综合考虑这四个方面，因此农业干旱灾害指标的选取也要从这四方面综合筛选。由于国内外农业干旱灾害研究的重点不同，指标选取的侧重点也有很大的差异，对农业干旱风险的评价并没有一个统一的标准，这样导致评价结果所得的结论各有不同。本文在分析河南省干旱特征的情况下，综合考虑影响干旱灾害的四个因子，借鉴国内外采用的指标，鉴于所能够获得的资料，对农业干旱灾害风险评估指标进行了选择。

1. 指标选取的原则

由于农业系统的构成比较复杂，从而使得农业干旱灾害风险指标的选取及评价指标体系的建立也比较复杂。按照一定的原则选择评价指标，不能简单的堆积成指标体系，这样才能对干旱灾害进行科学的评价。评价指标的选取要达到两个目的：一是指标体系能完整准确地反映农业干旱灾害的风险情况；二是使指标体系最小化。为此，指标选取应遵循以下原则：

（1）完整性原则。指标体系应比较全面、综合地反映一个区域的农业干旱风险情况。选取的指标体系应可客观、全面、准确地评价农业干旱灾害风险。

（2）可评价性原则。选取的指标不仅要实用，而且是比较容易获取的指标，既易于捕捉信息并对其定量化，并可用于地区之间的比较评价。

（3）代表性与主导型原则。某些指标存在显著的相关性，若反映的信息重复，则应选择相对独立的指标，以便增强评价的科学性和简洁性；选取的指标也要有代表性，不同的区域都有广泛的代表性，便于评价结果可以相互比较。

（4）简明性原则。选择容易获得、概念明确、同时要简单便于计算的指标，避免选择的指标过于复杂，并尽量选择国家统计部门所认可的指标。

2. 农业干旱指标的选取

从致灾因子、孕灾环境、承灾体、防灾减灾能力这四大影响河南省农业干旱的因素入手，综合考虑气象、水文、农业以及社会经济等因素，参照指标选取的原则，选取适合河南省农业干旱灾害风险评价的指标。

（1）致灾因子危险性指标。根据灾害学的观点，所有能够引起人员伤亡、财产损失以及生态资源破坏的各种自然与人文变异因素都称为致灾因子。所谓致灾因子亦指各种灾害、事故发生的根源。旱灾致灾因子危险性是指干旱灾害的自然变异因素和程度，主要指极端的气候条件，如空气干燥或干热、少雨或无雨、蒸发量大等，一般而言，致灾因子危险性越大，干旱灾害的风险也越大。美国气象学会在总结各种干旱定义的基础上，将干旱分为四大类：农业干旱、水文干旱、气象干旱和社会经济干旱。各类干旱又有多种不同的干旱划分指标，归纳起来可以分为单因子指标和多因子指标。对特定区域来说，导致干旱的主要外部因素是城市水资源自然补给量不足，其主要影响因素为降雨量。选择或构建适当的干旱等级指标是干旱灾害致灾因子危险性评估的关键。一些学者致力于降水距平百分率、无雨日数、标准差指数、Z 指标和土壤湿度等单因子指标的研究；而有些学者则致力于对多因子指标的研究，如相对湿润度指数、综合气象干旱指数和 Palmer 干旱指标等都是以降水量为主，兼顾其他气象要素构建的干旱新指标。从资料可获取性、干旱指标意义现实性以及计算过程的可操作性等方面来比较，本研究选择降水距平百分率作为农业干旱程度评估的指标，用干旱强度和干旱频率作为致灾因子危险性指标值。

（2）孕灾环境敏感性指标。孕灾环境脆弱性主要指促进或减弱致灾因子的承灾区的气候条件、植被状况、地形地貌、土壤类型和水文环境等。农业干旱灾害的孕灾环境敏感性取决于当地的气候条件、降水量、蒸发、土壤、水系、地形、水资源量等多个自然因素。鉴于孕灾环境的复杂性，本文根据所能获取的资料，选择降水量、蒸发量和水资源总量作为孕灾环境的脆弱性指标。

（3）承灾体易损性指标。承灾体即人类以及其所在的社会与各类资源，是承受干旱灾害同时也是被损毁的致灾因子作用对象。承灾体主要为社会经济实体和人类。反映社会经济的指标有经济密度、地均大牲畜、耕作面积、粮食单产以及农作物播种面积等。

反映人类的指标有人口密度、人口增长速度、恩格尔指数、男女性别比例等。承灾体易损性指标因旱灾的复杂程度和不同区域自身的特点而有所不同，目前对于承灾体易损性指标的选择并没有统一的标准。通过对各种影响因素的分析，结合河南省的特点，选取人口密度、耕地面积比重、农作物播种面积三项因子作为易损性评价指标。

（4）防灾减灾能力指标。随着科技的进步，人类对灾害的预测和抵御能力已经有了一定的提高。防灾减灾能力指的是用于防御或降低干旱灾害损失的管理措施与对策，是应对干旱的防灾减灾的能力，主要包括组织管理能力、资源的准备、减少灾害的投入等。区域防灾减灾能力和干旱灾害形成反相关，管理能力越强，遭受的损失就越小，从而降低了干旱灾害的风险。抗旱设备的数量反映了地区灌溉能力的高低，有效灌溉面积反映了农作物对干旱的防御能力，有效灌溉面积越大的地区，遭受干旱灾害时损失越小，反之，损失越大。政府和群众抗抵抗干旱的能力通过抗旱减灾预案制定和人均收入水平来反映，在校学生比例反映出整体素质的高低，同时可以反映出节水抗旱意识的强弱。管理措施越到位、经济水平和受教育程度越高整体防旱抗旱能力就越高。综上，本书选取有效灌溉面积、灌溉指数、农村人均纯收入、财政收入、农用机械总动力和在校生比例作为防灾减灾能力指标。

（二）指标量化

农业干旱灾害涉及很多的风险因子和指标，由于各个指标对农业干旱灾害的影响程度不同，要确定各个指标和因子各自的权重，由权重的大小反映其对灾害的影响大小。权重是评价因子在一个评价指标体系里重要性的体现，所以求因子权重的过程，也就是分析各个因子对于干旱灾害不同重要性的过程。所以，评估因子以及因子的权重是否合理直接影响了评价结果的科学性和合理性。

目前为止，确定权重主要有两种赋权方法，即主观赋权和客观赋权。对于干旱灾害风险评价中确定权重的方法主要有专家评分、因子分析、AHP 层次分析法、统计调查法、灰色关联分析法、特菲尔咨询、序列综合法、隶属函数法等。AHP 方法是由美国运筹学家萨蒂于 20 世纪 70 年代提出的，主要用于解决多目标的复杂问题，在进行决策时将定性分析与定量结分析合起来，它的特点是在分析复杂决策问题本质的基础上，用较少的信息将决策过程数学化，为复杂的决策问题提供简单直接的决策方法。

对旱灾风险而言，其层次结构主要由其构成要素所组成。假设某项组成要素 X，其影响指标有 x_1、x_2、x_3、x_4。两两指标之间的相对重要程度采用九标度打分法，各标度的含义见表 3－4，前一项指标与后项相比极端重要为 9，极不重要为 1/9，同样重要为 1，若为其他重要性取中间值，从而构造出要素 X 的比较判断矩阵。

根据比较判断矩阵，可以推求要素 X 的各项影响指标 x_i 的权重 w_i。层次分析法计算步骤如下：

（1）建立各要素的层次结构，构造出判断矩阵。针对从属于上一层的各指标元素，将专家对两个指标之间的相对重要程度做比较后所得出的评价结果用 1～9 及它们的倒数的标度方法来将问题进行定量求解。假设 n 个指标属于某一个准则层，这 n 个指标进行比较以后，构建判断矩阵 $C=(C_{ij})_{n \times n}$。表 3－4 列出了 C_{ij} 的取值和各取值的含义。

表 3－4 　　　　　　　　　 C_{ij} 的 取 值 与 含 义

C_{ij} 的取值	含 义
1	两个指标同样重要
3	两个指标相比，前者比后者稍微重要
5	两个指标相比，前者比后者明显重要
7	两个指标相比，前者比后者特别重要
9	两个指标相比，前者比后者极端重要
2、4、6、8	上述相邻比较的中间值
倒数	若指标 a 与指标 b 的重要性之比为 C_{ij}，则指标 b 与指标 a 的重要性之比为 $C_{ij}=1/C_{ij}$

（2）单一准则下权重的计算方法。AHP 方法把判断矩阵的特征向量当作采用方根法计算已经得出的判断矩阵 C 的特征向量，具体的计算步骤如下。

算出判断矩阵的各行元素乘积 M_i：

$$M_i = \prod_{j=1}^{n} C_{ij} \qquad (3-4)$$

算出 M_i 的 n 次方根值 $\overline{W_i}$：

$$\overline{W_i} = \sqrt[n]{M_i} \qquad (3-5)$$

对 $\overline{W_i}$ 规范化，具体过程可以表示为

$$W_i = \frac{\overline{W_i}}{\sum\limits_{i=1}^{n} \overline{W_i}} \qquad (3-6)$$

根据上式，即可计算出 n 个指标各自的权重向量 W_i。

（3）对计算结果一致性检验。为了避免判断矩阵出现判断上不一致的矛盾，对结果产生影响，需要确保判断矩阵的不一致结果在允许范围。一致性检验的公式见式（3-6），当一致性的比率 $CR<0.1$ 时，则满足一致性，权重合理，如果 $CR>0.1$，则判断矩阵的不一致性不满足要求，需要调整到满足一致性为止。

$$CR = CI/RI \qquad (3-7)$$

式中 CI——判断矩阵一致性的指标，$CI=(\lambda_{\max}-n)/(n-1)$，其中 $\lambda_{\max}$ 为最大特征根，n 为判断矩阵的阶数；

RI——判断矩阵的平均随机一致性指标，RI 的具体取值见表 3-5。

表 3-5 RI 的 取 值

n	1	2	3	4	5	6	7	8	9	10
RI	0	0	0.58	0.90	1.12	1.24	1.32	1.41	1.45	1.49

河南省农业干旱灾害风险评估指标及其权重见表 3-6。

表 3-6   河南省农业干旱灾害风险评估指标及其权重

	因子层	副因子层	指标体系	权 重
农业干旱灾害风险评估指标体系	危险性（0.41）	干旱状况	干旱频率	0.50
			干旱强度	0.50
	脆弱性（0.23）	气象条件	降雨量/mm	0.25
			蒸发/mm	0.16
		水资源状况	水资源总量/亿 m³	0.59
	易损性（0.15）	耐旱能力	粮食单产/（kg/hm²）	0.46
		人口状况	人口密度/（人/km²）	0.10
		耕地面积	耕地面积比重/%	0.16
		作物面积	农作物播种面积/万 hm²	0.028
	防灾减灾（0.21）	经济实力	农民人均纯收入/元	0.11
		农业用水	耕地灌溉率/%	0.46
		农业设施建设	农用机械总动力/（kW·h）	0.30
		受教育水平	普通中学在校生/万人	0.13

四、河南省农业干旱灾害风险影响因子评估

河南省农业干旱灾害风险由致灾因子危险性、孕灾环境敏感性、承灾体易损性和防灾减灾能力 4 个因子决定，根据各个因子的特点选取不同的评价指标，分析各个指标的空间分布特征，采用极差标准法对各个因子进行规范化处理，运用自然灾害指数法对各个因子进行加权综合，建立各个因子模型，对农业干旱灾害的各个因子进行风险评估，最后利用自然断点分级发将其分为 4 个等级，绘制河南省农业干旱评估因子风险区划图。

（一）评估原理

1. 评估因子规范化

农业干旱灾害各因子的量纲不同，为了消除个指标的量纲差异，本书采用极差标准化每一个指标进行标准化处理，极差标准化的优点是无论正向指标值还是逆向指标值，在经过极差标准化处理后，各因子值均满足 $0 \leqslant x_i \leqslant 1$，并且正向指标、逆向指标均化为正向指标。

对于正向指标，指标值越大，旱情风险越大，属于最小优型。

$$x_{ij} = \frac{X_{ij} - X_{\min}}{X_{\max} - X_{\min}} \qquad (3-8)$$

对于逆向指标，指标值越大，旱情风险越小，属于最大优型。

$$x_{ij} = 1 - \frac{X_{ij} - X_{\min}}{X_{\max} - X_{\min}} \qquad (3-9)$$

式中　　X_{ij}——第 i 个对象的第 j 项指标；

　　　　x_{ij}——无量纲化处理后第 i 个对象的第 j 项指标值，其中 $0 \leqslant x_{ij} \leqslant 1$；

$X_{\max}$、$X_{\min}$——该指标的最大值、最小值。

2. 加权综合评价法

加权综合评价法是根据评价指标对评价总目标影响的重要程度的不同，对各个评价指标进行权重系数分配，将量化后的指标与相应权重相乘后相加。用最终的计算结果，表示干旱灾害风险的高低。

$$P = \sum_{i=1}^{n} A_i W_i \qquad (3-10)$$

式中　　P——研究对象所对应的总评价值；

　　　　A_i——某系统第 i 项指标的量化值（$0 \leqslant A_i \leqslant 1$）；

　　　　W_i——某系统第 i 项指标的权重系数，由层次分析法计算得出（$W_i > 0$，

　　　　　　　$\sum W_i = 1$）；

　　　　n——评价体系指标的个数。

（二）致灾因子危险性评估

1. 致灾因子危险性指标分析

本节在河南省 18 个市 1989—2009 年的月降水量数据的基础上，计算出各地市的降水距平百分率，进而区分各市的干旱等级，将各干旱等级出现的频率和强度作为致灾因子危险性的指标来分析旱灾的致灾因子的危险性，频率和强度值越大，致灾因子危险性越大。降水距平百分率反映了某时期降水与同期平均状态的偏离程度，理解起来比较简单，资料获取较容易，应用范围最广。

用降水距平百分率的计算公式来计算致灾强度值，只有发生干旱时，致灾因子才发挥致灾作用，因此本书研究的降水距平百分率仅考虑负值的情况，降水距平百分率值越小说明致灾因子强度越强，发生干旱灾害的风险越大。

将降水距平百分率的绝对值作为强度值，按降水距平百分率等级划分标准划分的 4 个等级，分别计算河南省各地市轻旱、中旱、重旱、特旱的各级强度值和频率值，轻旱、中旱、重旱、特旱的权重分别为 0.1、0.2、0.3、0.4，将各等级干旱的频率和强度分别加权求和，得出综合频率和强度值。

2. 致灾因子强度分析

河南省各市各等级干旱强度值如图 3-5 所示，河南省各市干旱总强度值如图 3-6 所示。

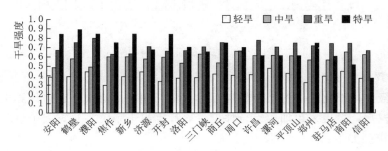

图 3-5 河南省各市各等级干旱强度值

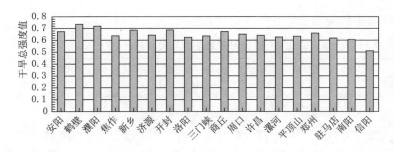

图 3-6 河南省各市干旱总强度值

3. 致灾因子频率分析

河南省各市各等级干旱频率如图 3-7 所示，各市干旱频率如图 3-8 所示。

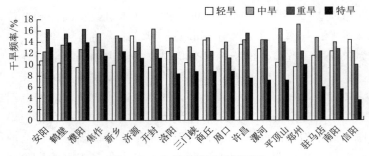

图 3-7　各市各等级干旱频率

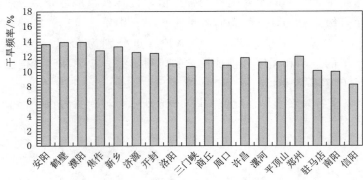

图 3-8　河南省各市干旱频率

4. 致灾因子危险性评估模型

用极差标准化法对各个指标进行标准化处理，用层次分析法计算出频率和强度的权重，最后采用加权综合评价法，计算出干旱灾害致灾因子危险性指数 DFR，模型如下：

$$致灾因子危险性指数 DFR = 强度规范化值 \times 0.5 + 频率规范化值 \times 0.5$$

$$(3-11)$$

致灾因子危险性指数排序见表 3-7。

表 3-7　　　　　　　　　　致灾因子危险性指数排序

地名	信阳	南阳	驻马店	洛阳	漯河	三门峡
因子值	0.297	0.352	0.36	0.367	0.37	0.372
地名	平顶山	许昌	周口	焦作	济源	郑州
因子值	0.373	0.38	0.38	0.383	0.384	0.39
地名	商丘	安阳	开封	新乡	濮阳	鹤壁
因子值	0.395	0.405	0.406	0.41	0.43	0.438

用自然断点分级法对得到的数据进行分级，按得到的等级将研究区分为低风险区、中风险区、高风险区、极高风险区（表3-8）。

表3-8 致灾因子危险性风险等级划分标准

类型	低风险	中风险	高风险	极高风险
危险性值	<0.297	0.2971～0.373	0.3731～0.395	0.3951～0.438

（三）孕灾环境脆弱性评估

1. 孕灾环境脆弱性指标分析

将已经选取的孕灾环境脆弱性指标输入 Arcgis 软件，得出河南省各市降水、蒸发、水资源总量的地市分布图，如图3-9和图3-10所示。

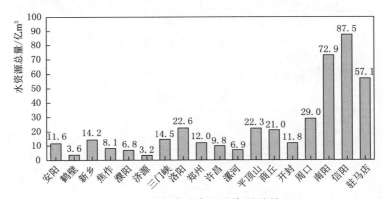

图3-9 河南省各地水资源总量

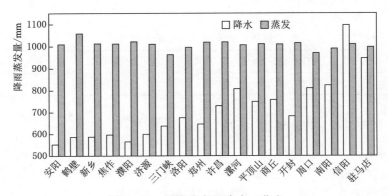

图3-10 河南省各地降水、蒸发

2. 孕灾环境脆弱性评估模型

对孕灾环境各个指标进行标准化处理后，采用加权综合评价法把各个标准化指标结合起来建立脆弱性评估模型。本书建立的孕灾环境脆弱性评估模型如下：

$$孕灾环境脆弱性指数＝0.25×降水量规范化值＋0.16×蒸发量规范化值$$
$$＋0.59×水资源归一化指数$$

河南省各市孕灾环境脆弱性指数见图3－11。

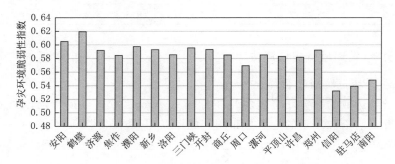

图3－11　河南省各市孕灾环境脆弱性指数

孕灾环境脆弱性指数排序及风险等级划分标准见表3－9和表3－10。

表3－9　　　　　　　　　　孕灾环境脆弱性指数排序

地名	信阳	驻马店	南阳	周口	许昌	平顶山
因子值	0.532	0.539	0.548	0.569	0.582	0.583
地名	漯河	焦作	商丘	洛阳	郑州	济源
因子值	0.585	0.585	0.585	0.586	0.592	0.592
地名	新乡	开封	三门峡	濮阳	安阳	鹤壁
因子值	0.593	0.593	0.596	0.598	0.605	0.619

表3－10　　　　　　　　　孕灾环境脆弱性风险等级划分标准

类　型	低　风　险	中　风　险	高　风　险	极　高　风　险
脆弱性值	0.532～0.547	0.548～0.584	0.585～0.598	0.599～0.619

（四）承灾体易损性评估

1. 承灾体易损性指标分析

承灾体易损性从两方面考虑：一是承灾体自身的暴露性，即暴露在致灾因子下承灾体的数量大小；二是承灾体的脆弱性，即暴露在致灾因子下的承灾体受到干旱影响损失的大小，损失越大说明脆弱性越大，相反则脆弱性越小。

在耕地面积和生产力水平不变的情况下，人口的多少直接影响人均粮食的占有量。人口增长后，引起消费和需求增长，对土地和水资源的压力就会增加；人口素质的高低，又直接影响了新的农业技术、新管理方法被接受和应用的快慢程度。在通常情况下，农业干旱灾害不仅与水资源量有关，而且与能否科学地安排农田耕作制度，能够合理、有效地进行灌溉有关，而这都由人的主观因素决定。因此，人口是影响旱灾脆弱性的重要因素。

从空间上来看，除了西部三门峡和中部的许昌人口密度较小外，其他地区都处于中高水平，其中，濮阳、焦作、郑州、漯河、周口的人口密度在 731 人/km² 以上，处于全省的最高值。由于该地区人口密集、工业发达，因此暴露性在全省处于较高值。信阳、洛阳、济源、南阳四市处于河南省人口密度的中值区，人口密度在 205 人/km² 以上。

耕地面积比重是指耕地总资源中专门种植农作物并经常进行耕种、能够正常收获的土地占各市国土面积的比重。许昌、漯河、周口的耕地面积比重在全省处于高值区，耕地面积比重在 61％ 以上。耕地面积比重在 29％ 以下的地区大部分处于豫西，主要由于该地区处于山区，地形条件不适宜耕作，因此耕地面积比重较小；豫南的信阳主要是水田，种植水稻，本次耕地面积主要侧重旱作物的选择，耕地面积没有考虑水田，所以耕地面积比重较小；其他市的耕地面积比重主要在中值区。

在耕地或非耕地上的实际播种面积或移植有农作物的面积统称为农作物播种面积，同时也包括经受灾害重新改种和补种的农作物面积。农作物的播种面积越大，作物生长需水量也就越大，在一定的降水及抗旱能力水平下，作物播种面积越大，发生旱灾的概率就越大。

河南省农作物在豫东豫南一带种植面积较大，豫北豫西一带种植面积较小。豫南一带播种面积最大在 84.226 万 hm² 以上，该地区降雨丰富，条件适宜，地形平坦，先天条件有利于农作物的生产，因此农作物在该地区的播种面积最大。豫北豫西一带降雨较少，且处于丘陵区，浅山、丘陵、阶地不适宜种植，因此该地区播种面积也较小，播种面积在 25.115 万 hm² 以下。豫中、豫东一带处于平原区，播种面积也较大，在 25.116 万 hm² 以上。

在各方面的投入不变的情况下，粮食单产越小，说明土地的利用效率越低，土地资源的压力就越大，当发生旱灾时，越容易受到损失。超强度或不合理开发土地资源是造成土地质量下降的根源，也是旱灾的潜在影响因素。

2. 承灾体易损性评估模型

在对选取的易损性指标进行规范化处理的基础上，根据河南省农业干旱灾害风险评估体系中的权重，采用加权综合评价法进行复合叠加运算，得到河南省农业干旱灾害承灾体易损性区划图，评估模型如下：

承灾体易损性指数＝0.1×人口密度规范化值＋0.28×农作物播种面积规范化值
＋0.16×耕地面积比重＋0.46×粮食单产规范化值

承灾体易损性指数排序及等级划分标准见表 3-11 和表 3-12。

表 3-11　　　　　　　　承灾体易损性指数排序

地名	焦作	信阳	濮阳	新乡	漯河	南阳
因子值	0.3598	0.4224	0.4487	0.4583	0.4607	0.4618
地名	郑州	开封	周口	驻马店	商丘	安阳
因子值	0.4628	0.4640	0.4673	0.4702	0.4796	0.4799
地名	洛阳	鹤壁	三门峡	济源	许昌	平顶山
因子值	0.4870	0.4897	0.5160	0.5216	0.5381	0.5737

表 3-12　　　　　　　　承灾体易损性等级划分标准

类　型	低风险	中风险	高风险	极高风险
易损性值	<0.3598	0.3599~0.4673	0.4674~0.4900	0.4901~0.4737

河南省各市承灾体易损性指数见图 3-12。

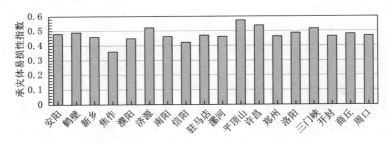

图 3-12　河南省各市承灾体易损性指数

（五）防灾减灾能力评估

1. 防灾减灾能力指标分析

防灾减灾能力指抵抗干旱灾害风险能力的大小。一个地区防灾减灾能力越强，抵抗灾害能力越强，面临旱灾时的损失越少。从旱涝保收率、耕地灌溉率、农用机械总动力、财政收入、农民人均纯收入、在校学生比例这 5 个指标来反映各个市的防灾减灾能力情况。

耕地灌溉率是土地比较平整，有配套的灌溉设施和一定的水源，当年能够进行正常灌溉的耕地面积占耕地面积的比例。灌耕地灌溉率越大，说明该地区的灌溉能力比较强，同时也反映出该地区的水资源利用率较高。耕地灌溉率的分布大致为：豫西、豫西南部分地区的耕地灌溉面积比重比较小，豫北的耕地灌溉面积比较大。耕地面积比例在 76% 以上基本都在豫南的焦作、濮阳和漯河等市。耕地面积最小的地区在豫西的三门峡、洛阳和豫南的驻马店等市，耕地灌溉率在45%以下。其他地区处于中值区。

用于农、林、牧、渔业的各种动力机械的动力总和称为农用机械总动力。农用机械总动力越大，说明该区域的农业机械化程度越高。农业机械化可以提高农业的生产能力，促进生产规模的扩大，同时机器代替人工做，不仅提高了工作效率，还改善了人们的劳动条件，提高粮食单产也增加农民的收入，发生干旱时，抵抗干旱时的能力就越强。

河南省农民人均纯收入分布大致为：豫北（濮阳除外）大于豫南，豫东大于豫西。豫西北的济源、焦作，豫中的郑州三市的农民人均纯收入最高在2546元以上；豫西的商丘、周口以及豫南的驻马店、信阳四市的农民人均纯收入处于全省的低水平区，豫北的濮阳的农民人均纯收入也较低。

在校学生数的多少可以反映当地受教育程度和人口的素质，在校学生数越多，该地区人口整体素质越高，对降低农业干旱风险越有利。在校学生数不仅反映了该地区整体素质的高低，还反映了该地区节水抗旱意识程度高低，河南省普通中学在校学生数大致从南往北逐渐降低。豫南的南阳市、豫东的商丘和周口三市普通中学在校学生数最高在44.07万人以上，该地区在发生干旱时，相对抗旱能力高于其他地区。三门峡、济源、漯河、鹤壁四市的在校学生数较低，发生干旱时，抗旱能力相对较弱，河南省其他地区的在校学生数在两者之间。

2. 防灾减灾评估模型

将选取的防灾减灾指标值进行标准化处理，按照所取得权重，采用加权综合评价法进行运算，得到河南省防灾减灾能力区划图。防灾减灾能力模型如下：

$$防灾减灾能力＝耕地灌溉率规范化值×0.46＋农民人均纯收入规范化值$$
$$×0.11＋农用机械总动力规范化值×0.30$$
$$＋普通中学在校学生规范化值×0.13 \qquad (3-12)$$

河南省各市防灾减灾能力指数见图3-13，防灾减灾风险指数排序及等级划分标准见表3-13和表3-14。

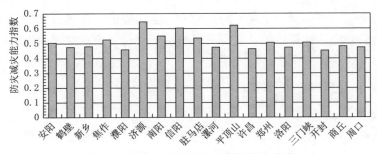

图3-13　河南省各市防灾减灾能力指数

表 3 - 13 防灾减灾风险指数排序

地名	开封	濮阳	许昌	洛阳	周口	漯河
因子值	0.4528	0.4588	0.4634	0.4729	0.4740	0.4746
地名	鹤壁	新乡	商丘	安阳	郑州	三门峡
因子值	0.4760	0.4804	0.4825	0.5058	0.5060	0.5067
地名	焦作	驻马店	南阳	信阳	平顶山	济源
因子值	0.5266	0.5370	0.5517	0.6042	0.6212	0.6460

表 3 - 14 防灾减灾风险指数等级划分标准

类型	低风险	中风险	高风险	极高风险
防灾减灾值	0.4528～0.4634	0.4635～0.4825	0.4826～0.5517	0.5518～0.6460

以往都是防灾减灾能力越大，旱灾风险越小，但本书对防灾减资能力进行标准化处理后，由负向指标变为正向指标，变为防灾减灾风险，其值越大，旱灾风险越大，对旱灾风险起正向作用。从图 3 - 13 中可以看出河南省的防灾减灾风险指数排序为：豫西南地区大于豫东北地区。风险值最大的地区位于豫南的信阳，其次为豫中的平顶山以及豫西北的济源。从统计数据来看，主要由于这些地区的耕地灌溉率和农用机械总动力在全省都较低，并且信阳的农民人均纯收入为最低，所以导致其防灾减灾风险最大。

五、河南省农业干旱灾害风险评估及区划

本章利用自然灾害指数法将影响河南省农业干旱灾害的四个因子（致灾因子、孕灾环境、承灾体、防灾减灾能力）结合起来进行综合评估，借助 Arcgis 软件中的自然断点分级法对风险值进行等级划分，并绘制河南省农业干旱灾害区划图。选取位于河南省北部、东部、中部、南部、西部的新乡、商丘、郑州、南阳、三门峡作为典型区，将得到的综合风险值用最优分割法划分为 5 等级，用信息分配法计算各地区各等级风险的概率值。最后对河南省农业干旱现状提出相对的管理对策。

（一）综合风险评估及区划

1. 评估方法

自然灾害风险是由致灾因子危险性 H、孕灾环境敏感性 E、承灾体易损性 V、防灾减灾能力 RE 4 个因素相互作用形成的。农业干旱风险属于自然灾害

风险的一种，由此得出河南省农业干旱灾害综合风险评估模型如下：

$$Risk = H + E + V + RE \qquad (3-13)$$

$$X = \sum_{i=1}^{n} \omega_i x_i \qquad (3-14)$$

式中 $Risk$——农业干旱灾害风险值，用于表示干旱灾害风险程度；

H、E、V、RE——致灾因子危险性、孕灾环境敏感性、承灾体易损性和防灾减灾能力因子的值；

    X——危险性/脆弱性/易损性/防灾减灾能力量化值；

    ω_i——第 i 个指标的权重；

    x_i——第 i 个指标值。

2. 区划结果

河南省农业干旱风险因子结果见图 3-14。利用农业干旱灾害风险评估模型，将计算出的各个因子标准化值和权重代入计算得到河南省各市的农业干旱风险指数（表 3-15 和图 3-15），按照自然断点分级法将风险指数按 <0.4110、0.4111～0.4556、0.4557～0.4746、0.4747～0.4999 这 4 个等级进行区划：低风险区、中风险、高风险区、极高风险区（表 3-16）。绘制出农业干旱风险区划图。

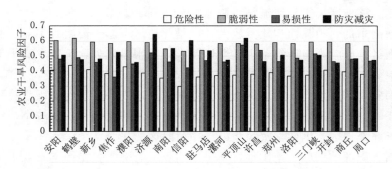

图 3-14   河南省农业干旱风险因子结果图

表 3-15   农业干旱风险指数排序

地名	信阳	南阳	驻马店	焦作	漯河	洛阳
因子值	0.4110	0.4330	0.4436	0.4483	0.4535	0.4566
地名	周口	郑州	许昌	商丘	三门峡	开封
因子值	0.4549	0.4685	0.4687	0.4689	0.4693	0.4713
地名	新乡	濮阳	安阳	平顶山	济源	鹤壁
因子值	0.4746	0.4815	0.4816	0.4866	0.4883	0.4999

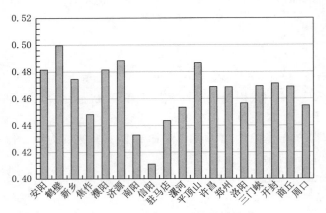

图 3-15　河南省各市综合风险指数

表 3-16　　　　　　综合风险指数等级划分标准

类型	低风险	中风险	高风险	极高风险
危险性值	<0.4110	0.4111~0.4556	0.4557~0.4746	0.4747~0.4999

河南省中部、北部的新乡、郑州、开封、许昌、三门峡等地处于干旱灾害高风险区，该地区属于淮河流域，降水量较北部地区稍大，处于全省平均值，且地势西高东低，山丘面积比重较大，但是此地区也属于河南省工业农业较为发达的地区，同时人口密集，工农业以及人口需水量较大，所以农业干旱风险为高风险。

河南省北部的焦作，中部的洛阳、漯河、周口以及南部的南阳、驻马店等地区处于农业干旱风险的中风险区。由于这些市的耕地面积比重较小，年均降雨量大于北部地区，因此旱灾风险处于中风险区。

河南省南部的信阳、南阳地区干旱风险较低。降水量是影响农业干旱的主要因素，而这些地区的年降雨量远高于全省平均值，水资源丰富，且人口密度、生活用水量较低，综合各种指标得出这些地区干旱风险较小。

（二）河南省典型区农业干旱风险分析

农业干旱风险分析的方法主要是概率统计法和模糊数学法。概率统计法是对农业干旱灾害进行风险分析比较传统的方法，风险概率的分布是通过对旱灾频发地区历史上不同等级干旱灾害的频次进行统计得到的，概率统计法适用于旱灾的统计资料必须完整的地区。但要在信息不完备情况下准确地进行干旱灾害风险评估与区划，就需要不断提高研究以及决策部门的结果评估精度，以便能够满足区域干旱灾害风险管理决策的要求。模糊数学方法就是为了避免信息不完整造成评估结果的不准确而提出的，主要方法是利用模糊数学理论对风险的不确定性进行评估，如基于信息分配理论的评价法、模糊聚类分析法、模糊综合评判法等。

基于信息分配理论的模糊数学评价方法，可以通过优化利用样本模糊信息来弥补小样本导致的信息不足，弥补数据本身由于不完备性引起的信息空白。鉴于资料有限，本书对河南省农业干旱灾害风险评估的评估因子数据仅选用近20年，因此采用基于信息分配理论的模糊数学评价方法对河南省典型区的农业干旱风险进行评估。选取位于河南省北部的新乡、中部的郑州、西部的三门峡、东部的商丘、南部的南阳作为典型区，利用 Fisher 最优分割法得出河南省典型区农业干旱灾害风险阈值，利用模糊信息分配法分析该区域近20年各等级干旱灾害风险大小，并进行对比分析。

1. 模糊信息分配法

假设 $X = \{x_1, x_2, \cdots, x_n\}$ 是一个样本，x_1 是观测值（observation），即样本点（sample point），$U = \{u_1, u_2, \cdots, u_m\}$ 是监测空间一些标准点集合，则 U 称为 X 的一个离散论域。一般为了方便地进行数学处理，常假设 X 是一个随机样本，且总体中样本有相同的出现机会，并假设 $x_i (i=1,2,\cdots,n)$ 是独立同分布随机变量。设 $X = \{x_i, x_2, \cdots, x_n\}$ 是一个给定样本，$U = \{u_1, u_2, \cdots, u_m\}$ 是它的一个离散论域，u 是从 $X \times U$ 到 $[0, 1]$ 的一个映射，即

$$u: X \times U \rightarrow [0, 1] \tag{3-15}$$

$$(x, u) \rightarrow u(x, u), \forall (x, u) \in X \times U \tag{3-16}$$

如果 $u(x, u)$ 满足以下条件：① $\forall x \in X$，若 $\exists u \in U$，使 $x = u$，则 $u(x, u) = 1$，即 u 是自反的（reflexive）；②对于 $x \in X$，$\forall u', u'' \in U$，若 $\| u' - x \| \leqslant \| u'' - x \|$，则 $u(x, u') \geqslant u(x, u'')$，即当 $\| x - u \|$ 增加时，u 递减（decreasing）；③ $\sum\limits_{i=1}^{m} u(x_i, u_j) = 1$，$i = 1$，2，$\cdots$，$n$，即信息守恒（conserved），则称 $u(x, u)$ 为 X 在 U 上的信息分配（information distribution），u 称作 X 在 U 上的分配函数（distributed function），$u_j (j=1,2,\cdots,m)$ 称作控制点（controlling point），取步长为 $u_j - u_{j-1} = \Delta (j=2,3,\cdots,m)$，样本点 x_i 分配给控制点 u_j 量值为 $q_{ij} = u(x_i, u_j)$ 的一维模糊线性信息分配公式如下：

$$q_{ij} = \begin{cases} 1 - \dfrac{x_i - u_j}{\Delta}, & |x_i - u_j| \leqslant \Delta \\ 0, & \text{其他} \end{cases} \tag{3-17}$$

q_{ij} 称作"样本点 x_i 给控制点 u_j 的分配信息"（distributed information），U 也称作控制点空间（space of controlling point）。

令

$$Q_j = \sum_{i=1}^{n} q_{ij}, \quad j = 1, 2, \cdots, m \tag{3-18}$$

该式表明样本 X 提供总量为 Q_j 的信息给控制点 u_j。Q_j 称作控制点 u_j 获得的信息总量，$Q = (Q_1, Q_2, \cdots, Q_m)$ 称作 X 在 U 上的原始信息分布（primary information distribution）。

$$p(u_j) = \frac{q_j}{Q_j} \tag{3-19}$$

$p(u_j)$ 就是样本落在 u 处的频率值（概率值），可以作为概率的估计值。对于某一指标 $X = \{x_1, x_2, \cdots, x_n\}$，通常可将分析的指标值 x_i 取为论域 U 中某一个 u_j，那么其超越概率值应为

$$P(u_j) = \sum_{k=j}^{m} p(u_j) \tag{3-20}$$

式中　$P = \{p_1, p_2, \cdots, p_m\}$——旱灾因子风险值。

模糊信息分配将样本点所携带的信息依照程度的不同归于有关的两个类，最简单的是线性分配模型。本研究首先通过计算得到典型区 1989—2009 年的综合干旱指数，再根据模糊线性信息分配方法，通过分析计算即可得到干旱综合指数的概率分布函数，然后采用超越极限概率方法分时段对典型区农业干旱进行风险评估。

2. Fisher 最优分割法

Fisher 最优分割法是一种对有序样本进行最优分段的数学方法，该方法以各分段总离差平方和最小为依据，以段内样本间差异最小、段间差异最大为原则。$P(n, k)$ 表示将 n 个有序样本 x_1, x_2, $\cdots$, x_n（每个样本均为 m 维向量）分割成 k 段（$k \leqslant n$），根据排列组合，总共有 $C_{n-1}^{k-1} = \dfrac{(n-1)!}{(k-1)!\,(n-1)!}$ 种分割法，对于待分割的这 n 个有序样本，使分段内离差平方和最小，则各分段总离差平方和最小的分割法就是最优分割法。

3. 典型区农业干旱风险评估——基于信息分配的农业干旱指数概率分布

河南省五市农业干旱风险值见表 3-17。

将河南省五市的综合风险值作为基本数据，将其应用于信息扩散理论，实现典型区各种等级风险的概率评估。由河南省五市农业干旱风险值表 3-17 中可以看出，各市的风险值均在 0.22～0.70 之间，所以将风险指数的论域设为 [0.22, 0.70]，选取步长为 0.03，将五市的论域组合变为 16 个点组，形成了 $U = \{u_1, u_2, \cdots, u_{16}\} = \{0.22, 0.25, \cdots, 0.70\}$ 的离散组合。

表 3 - 17　　　　　　　　　　　河南省五市农业干旱风险值

年份 \ 风险值	南阳	郑州	新乡	商丘	三门峡
1989	0.2948	0.4479	0.4738	0.4393	0.3964
1990	0.4697	0.5360	0.5143	0.5795	0.4705
1991	0.4902	0.5006	0.4355	0.5324	0.5289
1992	0.6111	0.4978	0.4579	0.5748	0.5547
1993	0.5454	0.4496	0.4589	0.5069	0.5076
1994	0.4998	0.5809	0.5207	0.5643	0.6163
1995	0.6175	0.5399	0.4641	0.5338	0.6212
1996	0.4288	0.4258	0.3878	0.4988	0.4992
1997	0.5152	0.4134	0.5873	0.5791	0.5712
1998	0.4671	0.5069	0.4430	0.4710	0.4381
1999	0.4975	0.5246	0.5014	0.5115	0.5067
2000	0.3924	0.5204	0.3402	0.3871	0.4061
2001	0.4600	0.5042	0.5710	0.4824	0.5416
2002	0.3877	0.4689	0.5593	0.3945	0.4838
2003	0.2553	0.4286	0.2639	0.2381	0.2824
2004	0.4000	0.4966	0.4416	0.3532	0.3842
2005	0.2985	0.4723	0.4509	0.4756	0.4191
2006	0.4092	0.3909	0.5407	0.4953	0.3681
2007	0.4403	0.3753	0.5848	0.3330	0.4329
2008	0.3897	0.4304	0.4916	0.4469	0.4271
2009	0.3725	0.3264	0.4762	0.4492	0.3986

根据信息扩散模型，得到五市干旱灾害的样本 X 落在 U 中各点 u_i 的概率估计值，根据 Fisher 最优分割法确定的风险界限值，本书只研究典型区干旱灾害风险评估，因此本研究只取干旱风险评估研究成果，见表 3 - 18 和表 3 - 19。

表 3 - 18　　　　　　　　　　干旱灾害风险值类型及阈值

类 型	低风险	轻风险	中风险	高风险	极高风险
风险值	≤0.3332	0.3333～0.4191	0.4192～0.4762	0.4763～0.5454	≥0.5455

表 3 - 19　　　　　　　　典型区各风险水平下的概率估计值

风险水平＼城市	南　阳	三门峡	商　丘	新　乡	郑　州
0.22	0.0000	0.0000	0.0188	0.0000	0.0000
0.25	0.0392	0.000	0.0288	0.0256	0.0000
0.28	0.0508	0.0438	0.0000	0.0221	0.0000
0.31	0.0529	0.0038	0.0110	0.0000	0.0216
0.34	0.0000	0.0030	0.0633	0.0473	0.0260
0.37	0.0917	0.0776	0.0501	0.0196	0.0536
0.4	0.1813	0.1696	0.0660	0.0283	0.0769
0.43	0.0916	0.1608	0.0709	0.1146	0.1903
0.46	0.1325	0.0583	0.1370	0.2600	0.1218
0.49	0.1869	0.1282	0.1850	0.1378	0.1827
0.52	0.0853	0.1160	0.1370	0.1204	0.2147
0.55	0.0403	0.1024	0.0768	0.0810	0.0648
0.58	0.0423	0.0413	0.1553	0.1242	0.0462
0.61	0.0053	0.0675	0.0000	0.0191	0.0015
0.64	0.0000	0.0277	0.0000	0.0000	0.0000
0.67	0.0000	0.0000	0.0000	0.0000	0.0000
0.7	0.0000	0.0000	0.0000	0.0000	0.0000

根据最优分割法确定的各风险等级划分标准，利用公式 $P(u_m \leqslant u \leqslant u_n) = \sum_{k=m}^{n} p(u_k)$，我们可以得到不同地区在不同等级下发生的风险概率值，见表 3 - 20 和图 3 - 16。

表 3 - 20　　　　　　　　各市在不同风险等级下的概率值

概率值＼城市	南　阳	三门峡	商　丘	新　乡	郑　州
低风险	0.1429	0.0507	0.1219	0.0949	0.0476
轻风险	0.3646	0.4080	0.1870	0.1625	0.3208
中风险	0.3194	0.1865	0.3220	0.3978	0.3045
高风险	0.1255	0.2184	0.2138	0.2015	0.2795
极高风险	0.0476	0.1364	0.1553	0.1433	0.0476

我们可以对各市在不同风险等级的概率估计值进行纵向对比，也可以对相同等级风险概率值在各城市间进行横向对比。南阳市发生低风险、中风险的概率较高，但发生高风险及极高风险的概率较低；三门峡市和郑州发生中风险的

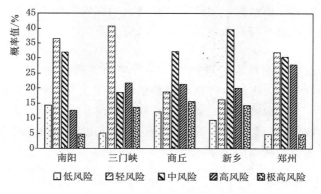

图3-16 农业干旱风险等级概率值

概率最高，发生低风险的概率最小，发生极高风险的概率较小；商丘和新乡发生中风险的概率和极高风险的概率较大。在低风险水平下，南阳市的概率最大为14.29%，郑州的概率最小，为4.76%；轻风险水平下，三门峡的概率最大，为40.80%，新乡的概率最小，为16.25%；中风险水平下，三门峡的概率最小，为18.65%，新乡的概率最大，为39.78%；高风险水平下，郑州的风险最大，为27.95%，南阳的概率最小，为12.55%；极高风险水平下，商丘的概率最大，为15.53%，南阳和郑州的概率较小，为4.76%。

（三）管理对策

干旱灾害制约经济的发展和生态环境的和谐，严重影响人民生活以及农业的生产，预防和管理干旱灾害是非常重要的一项工作。根据河南省农业干旱风险区划图，针对河南省自身农业干旱的特点及发生规律，以"科学发展观"为指导，依照"预防为主，防治结合，综合治理"的工作思路，提出如下建议：

（1）开展抗旱的基础性工作。建立和完善干旱监测和预报系统，通过利用国内外现金的科学技术来提高预测干旱的能力，提高干旱预测的准确度。加强国家和个体组织的抗旱应变能力，组织协调能力抢的抗旱队伍，以推动抗旱工作的全面开展。利用媒体宣传我国旱灾的普遍性及严重性，引起社会全体成员的普遍关注，使大家都积极参与到防寒抗旱工作中，并在全社会树立起节水抗旱的意识，促进抗旱减灾事业的全面发展。

（2）鼓励发展节水型农业，合理开发利用水资源，提高水资源利用效率，提倡废水回收利用，充分利用回归水，变废为宝，以确保农业用水。运用法律、行政、科技等手段全面推进节水事业的发展。目前可以利用节水灌溉措施、城市污水资源化（污水灌溉带起清水灌溉），调整耕作制度，改进生产工艺等措施，来提高农业的抗旱减灾能力。

（3）优化农业种植结构，坚持"宜农则农、宜牧则牧、宜林则林、宜草则草"原则，建立和发展与自然环境协调的农业产业结构，减少人为因素引起的旱灾损失。

（4）编制农业干旱缺水应急预案，做好应急工作，加强抗旱服务体系建设。目前人们对干旱灾害缺少评估和预警的能力，在干旱来临时缺乏足够的心理和物质准备，往往面临旱灾时处于被动应对地位。在干旱灾害频发的豫西和豫北地区更应该做好应急工作。完善各地区的水利设施建设，将大口井和深井水作为战略性水源，从而防患于未然。

第四章 干旱胁迫对冬小麦和夏玉米生长和产量的影响

一、研究内容

本试验以黄淮海平原地区主要农作物小麦和玉米为研究对象，研究不同生育阶段不同水分胁迫程度及复水对冬小麦和夏玉米生长和生理的影响，分析冬小麦和夏玉米的光合特性、根冠和产量对干旱的响应机理。

（一）干旱胁迫对冬小麦生长和生理影响的研究

（1）通过称重法来确定不同的水分胁迫程度下小麦各生育阶段的土壤水分变化。

（2）对小麦株高、叶面积定期进行测定，分析不同生育期不同程度的水分胁迫对小麦株高、叶面积的影响。

（3）采用 Li－6400 光合仪和 AP4 植物气孔计测定不同生育阶段、不同程度的水分胁迫对小麦气孔导度、光合速率及复水后的补偿效应。

（4）研究不同的水分胁迫程度及复水对小麦籽粒产量的影响。

（二）干旱胁迫对夏玉米生长和生理影响的研究

（1）研究不同生育期不同程度的水分胁迫对玉米株高、叶面积影响，定期进行测定数据。

（2）研究玉米水分胁迫-复水后各处理的干物质累积量，包括根、冠的干重，并对干物质分配量及分配趋势产生的原因进行分析。

（3）采用 Li－6400 光合仪和 AP4 植物气孔计测定不同生育阶段、不同程度的水分胁迫对气孔导度、光合速率及复水后的补偿效应。

（4）研究不同的水分胁迫程度及复水对玉米产量的影响。

（三）技术路线

本章研究技术路线见图 4－1。

二、试验材料与方案

（一）试验基地概况

试验在中国农业科学院农田灌溉研究所新乡综合试验基地内进行，地理坐

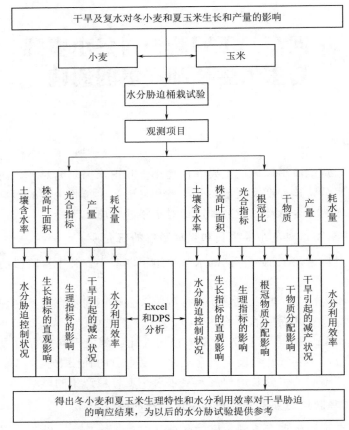

图 4-1　研究技术路线图

标为北纬 35°18′，东经 113°54′，海拔高度为 81m，属暖温带大陆性季风气候，日照时间为 2399h、蒸发量为 2000mm（直径 20cm 蒸发皿值），年平均降雨量为 582mm，其中 6—10 月降雨量占全年降雨量的 70%～80%。该区域光热资源丰富，耕作制度以一年两熟为主体；土壤类型为壤土，1m 土体土壤粒径分析结果见表 4-1。农田基地试验场内设有自动气象站，自动检测太阳辐射强度、空气温度、空气湿度、太阳辐射、风速、降雨量以及日照时数等相关气象资料。

表 4-1　　　　　　　　　　　　　试验点土壤参数

土层深度 /cm	粒径组成/%			土壤质地
	黏粒 （<0.002mm）	粉粒 （0.002～0.02mm）	砂粒 （0.02～2mm）	
0～20	6.75	69.72	23.53	壤土
20～40	6.41	66.91	26.69	粉质（砂）壤土

土层深度 /cm	粒径组成/%			土壤质地
	黏粒 (<0.002mm)	粉粒 (0.002~0.02mm)	砂粒 (0.02~2mm)	
40~60	10.19	69.96	19.85	粉质（砂）壤土
60~80	10.16	73.44	16.41	粉质（砂）壤土
80~100	8.22	75.74	16.05	砂质土壤

（二）试验设计

试验在基地防雨棚内进行（图 4-2），以供试冬小麦"矮抗 58"和供试夏玉米"登海 605"作为试验材料，试验所用测桶为铁皮桶，桶身直径为 40cm，高为 60cm。通过每日称质量控制土壤水分，每日灌水量为相邻两天桶称质量之差，灌溉量以 60cm 深土层计算，用量筒精确量取所需水量，每隔 5d 采用烘干法测定计划湿润层（0~60cm）土壤含水率，灌水使其达到该处理水分控制上限。每桶施加复合肥 10g（N：P_2O_5 为 2：1），每桶装土容重控制为 1.36g/cm。其中，N 肥 50%基施，另外 50%在拔节期追施，所有处理冬小麦的 P 和 K 肥全部基施。

图 4-2 试验布置图

1. 冬小麦试验方案

冬小麦于 2016 年 10 月 15 日播种，三叶一心时定株，每桶 60 株。试验在不同生育阶段设置不同的水分处理。设置水分胁迫的生育阶段分别为拔节期、抽穗期和灌浆期；水分胁迫设置 4 个水平，即对照（全生育期充分供水）、轻度水分胁迫、中度水分胁迫和重度水分胁迫，对应土壤含水率分别为田间持水量的 70%~80%、60%~70%、50%~60% 和 40%~50% 分别用 CK、L、M 和 S 表示，拔节期、抽穗期和灌浆期分别用 B、C 和 G 表示。试验共 10 个处理，每个处理重复 3 次，详见表 4-2。

表 4-2　　　　　　　　　　　　小麦桶栽试验处理表

水分处理	返青期	拔节期	抽穗期	灌浆期
BL	70%~80%	60%~70%	70%~80%	70%~80%
BM	70%~80%	50%~60%	70%~80%	70%~80%
BS	70%~80%	40%~50%	70%~80%	70%~80%
CL	70%~80%	70%~80%	60%~70%	70%~80%
CM	70%~80%	70%~80%	50%~60%	70%~80%
CS	70%~80%	70%~80%	40%~50%	70%~80%
GL	70%~80%	70%~80%	70%~80%	60%~70%
GM	70%~80%	70%~80%	70%~80%	50%~60%
GS	70%~80%	70%~80%	70%~80%	40%~50%
CK	70%~80%	70%~80%	70%~80%	70%~80%

2. 夏玉米试验方案

夏玉米于 2017 年 6 月 10 日播种，三叶期定株，每桶 2 株。试验在整个生育期设置在拔节—抽雄期和开花—灌浆期两个生育阶段；水分胁迫设置 4 个水平，即对照（全生育期充分供水）、轻度水分胁迫、中度水分胁迫和重度水分胁迫，对应土壤含水率分别为田间持水量的 70%~80%、60%~70%、50%~60% 和 40%~50%，分别用 CK、L、M 和 S 表示，拔节—抽雄期和开花—灌浆期分别用 B 和 K 表示。试验共 7 个处理，每个处理重复 3 次，见表 4-3。

表 4-3　　　　　　　　　　　玉 米 桶 栽 试 验 处 理 表

水分处理	苗　期	拔节—抽雄期	开花—灌浆期	乳熟期
BL	70%~80%	60%~70%	70%~80%	70%~80%
BM	70%~80%	50%~60%	70%~80%	70%~80%
BS	70%~80%	40%~50%	70%~80%	70%~80%
KL	70%~80%	70%~80%	60%~70%	70%~80%
KM	70%~80%	70%~80%	50%~60%	70%~80%
KS	70%~80%	70%~80%	40%~50%	70%~80%
CK	70%~80%	70%~80%	70%~80%	70%~80%

（三）观测项目与方法

1. 土壤含水率

每天进行灌水量测，记录灌水量，采用称重法计算土壤含水率。

干旱处理开始后每隔 5d 采用烘干法测定计划湿润层（0～60cm）土壤含水率（图 4-3），每隔 20cm 取土一次，以确定灌水量，计算公式如下：

$$W = \gamma HA(\theta_s - \theta_o) \qquad (4-1)$$

式中　W——灌水量，mL；

　　　γ——土壤容重，g/cm；

　　　H——计划湿润层，cm；

　　　A——桶的表面积，cm^2；

　　　θ_s——设计灌水上限，%；

　　　θ_o——灌前土壤实测含水率，%。

图 4-3　土壤含水率测定图

2. 株高和叶面积

（1）小麦。各个生育期水分胁迫时在各处理中随机选取 5 株能够代表整体长势的植株，用直尺分别测定小麦叶长（从叶尖到叶枕的长度）和叶宽（叶面最宽处的长度），然后按照计算公式（叶面积＝叶长×叶宽×0.85）来计算其面积，并累积为单株叶面积；用直尺分别测定小麦株高（抽穗前，用直尺量从茎基到旗叶叶尖的长度；抽穗后，从茎基量到穗顶端的长度），每 5d 测定一次。

（2）玉米。各个生育期水分胁迫时在各处理中随机选取 5 株能够代表整体长势的植株，用直尺分别测定玉米叶长（从叶尖到叶枕的长度）和叶宽（叶面最宽处的长度），然后按照计算公式（叶面积＝叶长×叶宽×0.85）来计算其面积，并累积为单株叶面积；用直尺分别测定玉米株高（用直尺量从茎基到旗叶叶尖的长度），每 5d 测定一次。

3. 光合作用参数

选择晴朗无风的天气，在 9：00—11：00 用 LI-6400 便携式光合仪测定叶片光合速率 P_n（图 4-4），使用 AP4 植物气孔计测定气孔导度 g_s（图 4-5）。测定时给定 CO_2 浓度为 $400\mu mol/mol$，流速设为 $500\mu mol/(m^2 \cdot s^2)$，光强由系统自带的 LED 提供，设置为 $1000mmol/(m^2 \cdot s^2)$。

图 4-4　光合测定图

图 4-5　气孔导度测定图

（1）小麦。拔节期选取生长一致且受光方向一致、叶位一致且完全展开的倒 2 叶，抽穗期和灌浆期选取生长一致且受光方向一致、叶位一致的旗叶，每个处理重复测定 3 次，水分胁迫条件下测定日期为 4 月 8 日、4 月 23 日和 5 月 5 日；复水 10d 后再次测定小麦复水恢复后的光合作用参数（7～10d 为植物的一个复水恢复周期），测定日期为 4 月 25 日、5 月 9 日和 5 月 20 日。

（2）玉米。拔节期选取生长一致且受光方向一致、叶位一致且完全展开的倒 3 叶，抽雄期和灌浆期选取生长一致且受光方向一致、叶位一致的棒三叶，复水后的 0d、1d 和 10d 测定，每个处理重复测定 3 次。

4. 根系

由于不可抗因素，小麦根系数据丢失。在玉米乳熟期，先剪下地上部植株，然后将土柱从桶中取出，把根系放入事先预备好的尼龙网兜，放入清水池中浸泡，直至根系将近全部与土柱分离，然后小水冲洗干净，最后烘干，每个处理重复 3 次。根系测定如图 4-6 所示。

5. 地上干物质

由于不可抗因素，小麦根系数据丢失。在玉米乳熟期，剪下地上部植株，按茎、叶、穗个器官进行分类，之后将试验样本装入牛皮袋放入恒温烘箱加热，试验样品首先在 100～105℃杀青 30min，然后将温度设置为 70～80℃，7d 后（玉米的干物质量恒定后）分别测定玉米的单株根干重、单株冠层干重、单株穗干重、单株茎叶干重等指标。地上干物质测定如图 4-7 所示。

6. 产量

测定每桶单打单收晒干扬净的实收产量。

（1）小麦。小麦完全成熟后，每个处理选取 10 株有代表性的植株进行室内考种，测定株高、穗长、有效小穗数、无效小穗数、穗粒数、千粒重等指标。

图4-6　根系测定图

图4-7　地上干物质测定图

（2）玉米。玉米完全成熟后，每个处理选取3株有代表性的植株进行室内考种，测定穗粒数、百粒重等指标。

7. 耗水量

小麦和玉米的耗水量采用水量平衡法计算。试验在防雨棚下桶栽内进行，故地表径流量和降雨量可忽略不计。因此耗水量的计算公式可以简化为

$$ET = \Delta W + W \tag{4-2}$$

式中　ET——耗水量，mm；

　　　ΔW——0~60cm 土层蓄水量变化（称重法测得）；

　　　W——灌水量，mm。

8. 数据分析

试验所获得的数据均采用 WPS 2011 和 DPS v13.8 软件进行整理和分析，采用 DPS 中最小显著差数法（LSD 法）进行方差分析和差异显著性检验（$\alpha = 0.05$）。

三、不同生育期不同干旱胁迫-复水对冬小麦生长发育的影响

（一）冬小麦生长对干旱胁迫的响应研究

1. 冬小麦株高

（1）拔节期不同水分胁迫-复水对冬小麦株高的影响。图4-8给出了拔节期不同水分胁迫-复水后冬小麦株高变化，拔节期进行水分胁迫能显著抑制小麦的延伸生长，且随着水分胁迫程度加剧，株高的下降幅度越大，水分胁迫时，BL 处理、BM 处理、BS 处理的小麦株高分别比对照的减少了 4.9%、13.8% 和 23.2%。拔节期水分胁迫结束复水后，受到水分胁迫的作物茎秆生长速度明显高于 CK 处理，复水后第5天，BL 处理、BM 处理、BS 处理的株高分

别比对照（CK 处理）减少 4%、12%、16%，相对于水分胁迫下冬小麦的株高复水后冬小麦的株高与对照（CK 处理）的差距有所减小，这一点表明冬小麦的株高在复水后出现了部分补偿效应，但补偿不多；BM 处理、BS 处理的株高与对照（CK 处理）的差距依然很大，虽然出现了补偿效应，但恢复的程度不足以抵消减少的程度。拔节期干旱胁迫，轻度、中度、重度的株高和对照差异显著，拔节期是水分胁迫对冬小麦茎秆生长发育影响最为显著的时期，因而各处理的株高与 CK 处理的差异较显著。

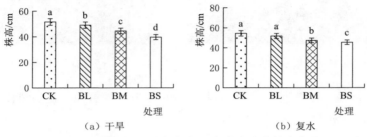

（a）干旱　　　　　　　　　　（b）复水

图 4-8　拔节期不同水分胁迫-复水冬小麦株高变化

（2）抽穗期不同水分胁迫-复水对冬小麦株高的影响。图 4-9 给出了抽穗期不同水分胁迫-复水后冬小麦株高变化，抽穗期对冬小麦进行水分胁迫能够显著抑制冬小麦的茎秆生长，株高下降程度与水分胁迫程度成正比，即胁迫程度越重，株高的下降程度越大，水分胁迫时，CL 处理、CM 处理、CS 处理冬小麦株高与对照相比分别下降了 2.1%、3.5%、4.6%。抽穗期水分胁迫结束复水后，受到水分胁迫的作物茎秆生长速度明显高于 CK 处理，复水后第 5天，CL 处理、CM 处理、CS 处理冬小麦的株高与对照相比分别减少 1.9%、2.7%、3.2%，相对于水分胁迫下冬小麦的株高，复水后冬小麦的株高与对照（CK 处理）的差距有所减小，这一点表明冬小麦的株高在复水后出现了部分补偿效应，但补偿不多。抽穗期干旱胁迫，CL 处理、CM 处理、CS 处理的株高和对照差异不大，从抽穗期以后，冬小麦茎秆的营养供给减弱，在这个生育阶段进行水分胁迫对茎秆延伸的影响变得极其微小，因此抽穗期水分胁迫下各处理小麦的株高与 CK 处理基本接近。

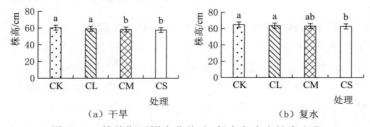

（a）干旱　　　　　　　　　　（b）复水

图 4-9　抽穗期不同水分胁迫-复水冬小麦株高变化

分析图 4-10 不同生育期不同水分胁迫-复水条件下冬小麦株高的变化，随着水分胁迫的加剧，小麦的株高减少的程度也随着加剧；BL 处理、CL 处理和 GL 处理的株高与 CK 处理无显著差异，而 BM 处理、BS 处理、CM 处理、CS 处理、GM 处理和 GS 处理的株高与 CK 处理有显著差异，这说明不同生育阶段轻度水分胁迫对小麦的株高的影响不大，而中度和重度水分胁迫都显著降低了小麦的株高。中度和重度水分胁迫时，不同生育阶段各个处理的株高与 CK 处理之间的差距大小依次为：BS 处理＞CS 处理＞GS 处理＞BM 处理＞CM 处理＞GM 处理。可以看出各个生育阶段对小麦的株高的影响大小依次为：拔节期＞抽穗期＞灌浆期。拔节期中度和重度水分胁迫小麦株高下降幅度最大，与 CK 处理相比，BM 处理和 BS 处理的株高下降了 18.6％和 29％；灌浆期中度和重度水分胁迫小麦株高和叶面积下降幅度最小，与 CK 处理相比，GM 处理和 GS 处理的株高下降了 5％和 8％。拔节—抽穗期是小麦株高增长的关键需水期，是小麦茎、叶等器官营养生长的主要时期，此阶段受到水分胁迫会造成植株体内水分缺失，影响细胞分裂，从而导致株高的显著下降。此生育期后，小麦的株高变化不大。抽穗期以后小麦的生长发育主要转为生殖生长，故抽穗期株高与 CK 处理接近。

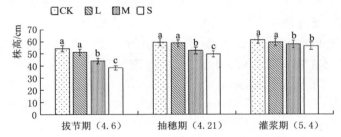

图 4-10　不同生育期不同水分胁迫-复水条件下冬小麦株高的变化

2. 冬小麦叶面积

　　（1）拔节期不同水分胁迫-复水对冬小麦叶面积的影响。图 4-11 给出了拔节期不同水分胁迫-复水后冬小麦叶面积变化，拔节期进行水分胁迫对冬小麦的叶面积生长有着明显的抑制，且随着水分胁迫程度的加剧，叶面积的下降幅度越是明显，水分胁迫时，BL 处理、BM 处理、BS 处理的小麦叶面积分别比对照的减少了 10.7％、18.3％、33％。拔节期水分胁迫结束复水后，受到水分胁迫的作物叶面积生长速度明显高于 CK 处理，复水后第 5d，BL 处理、BM 处理、BS 处理冬小麦的叶面积与对照（CK 处理）相比分别减少 3.4％、16.8％、27.5％，与水分胁迫时相比，BL 处理冬小麦的叶面积与对照（CK 处理）的差距已大大减小，这说明出现了较明显补偿效应；BM 处理和 BS 处理冬小麦的叶面积与对照（CK 处理）的差距依然很大，虽然出现了补偿效应，但恢复的程度不足以抵消减少的程度。拔节期水胁迫，轻度、中度、重度处理冬小麦的叶面积和对照差异显著，拔节期是叶面积扩展最快的时期，也是对土壤水分最为敏感时期，因而各处理间差异较为明显。拔节期是冬小麦叶面积快速增长的一个重要时期，合理控制水分胁迫条件，可以控制作物群体大小，明显改善种植密度。

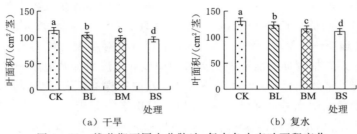

(a) 干旱   (b) 复水

图 4-11 拔节期不同水分胁迫-复水冬小麦叶面积变化

(2) 抽穗期不同水分胁迫-复水对冬小麦叶面积的影响。图 4-12 给出了抽穗期不同水分胁迫-复水后冬小麦叶面积变化，抽穗期对冬小麦进行水分胁迫能够显著抑制冬小麦的叶面积延伸，叶面积下降程度与水分胁迫程度成正比，即胁迫程度越重，叶面积下降幅度越是明显。水分胁迫时，CL 处理、CM 处理、CS 处理的冬小麦叶面积分别比对照的减少了 7.9%、13%、15%。抽穗期水分胁迫结束复水后，受到水分胁迫的作物叶面积生长速度明显高于 CK 处理，复水后第 5 天，CL 处理、CM 处理、CS 处理冬小麦的叶面积与对照（CK 处理）相比分别减少 5.6%、11.7%、14.8%，相对于水分胁迫下冬小麦的叶面积，复水后冬小麦的叶面积与对照（CK 处理）的差距有所减小，这一点表明冬小麦的叶面积在复水后出现了部分补偿效应，但补偿不多。抽穗期干旱胁迫，CM 处理和 CS 处理的叶面积和对照差距依然没有很大。抽穗期叶面积扩展依然较快，因而各处理间差异较为明显。

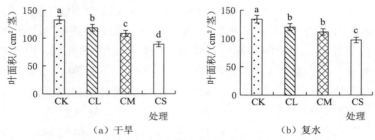

(a) 干旱   (b) 复水

图 4-12 抽穗期不同水分胁迫-复水冬小麦叶面积变化

(3) 灌浆期不同水分胁迫-复水对冬小麦叶面积的影响。图 4-13 给出了灌浆期不同水分胁迫-复水条件下冬小麦叶面积变化，灌浆期对冬小麦进行水分胁迫能够显著抑制冬小麦的叶面积延伸，叶面积下降程度与水分胁迫程度成正比，即胁迫程度越重，叶面积下降幅度越是明显。水分胁迫时，GL 处理、GM 处理和 GS 处理冬小麦的小麦叶面积分别比对照的减少了 2.5％、4.5％和 8％。灌浆期水分胁迫结束复水后，受到水分胁迫的冬小麦叶面积生长速度明显高于 CK 处理，复水后第 5 天，GL 处理、GM 处理和 GS 处理的叶面积分别比对照（CK 处理）减少 1.5％、3.5％和 7％，和水分胁迫时相比与对照（CK 处理）的差距有所减小，这显示冬小麦的叶面积在复水后存在补偿现象，但补偿不多，这是因为灌浆期以后小麦的营养发育从茎秆转移到穗上，因此灌浆期水分胁迫下各处理小麦的叶面积与 CK 处理基本接近。

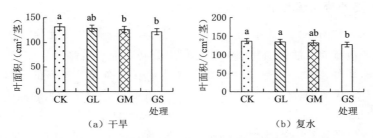

图 4-13　灌浆期不同水分胁迫-复水冬小麦叶面积变化

　　分析图 4-14 不同生育期不同水分胁迫-复水条件下冬小麦叶面积的变化，随着水分胁迫的加剧，小麦的叶面积增长受抑制程度也随着加剧；BL 处理、CL 处理和 GL 处理的叶面积与 CK 处理无显著差异，而 BM 处理、BS 处理、CM 处理、CS 处理、GM 处理和 GS 处理的叶面积与 CK 处理有显著差异，这说明不同生育阶段轻度水分胁迫对小麦叶面积的影响不大，而中度和重度水分胁迫都显著降低了小麦的叶面积。中度和重度水分胁迫时，不同生育阶段各个处理的叶面积与 CK 处理之间的差距大小依次为：BS 处理＞CS 处理＞GS 处理＞BM 处理＞CM 处理＞GM 处理。可以看出各个生育阶段对小麦的叶面积的影响大小依次为：拔节期＞抽穗期＞灌浆期。拔节期中度和重度水分胁迫小麦叶面积下降幅度最大，与 CK 处理相比，BM 处理和 BS 处理的叶面积下降了 18.2％和49.5％；灌浆期中度和重度水分胁迫小麦株高和叶面积下降幅度最小，与 CK 处理相比，GM 处理和 GS 处理的叶面积下降了 8％和 10％。拔节—抽穗期是小麦叶面积增长的关键需水期，是小麦茎、叶等器官营养生长的主要时期，此阶段受到水分胁迫会造成植株体内水分缺失，影响细胞分裂，从而导致叶面积的显著下降，此生育期后，小麦的叶面积变化不大，抽穗期以后小麦的生长发育主要转为生殖生长，而且水分胁迫也造成了小麦叶片提前变黄、衰老，故灌浆期叶面积与 CK 处理接近。

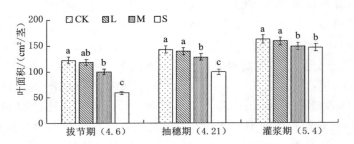

图 4-14　不同生育期不同水分胁迫-复水条件下冬小麦的叶面积变化

（二）冬小麦生理对干旱胁迫的响应研究

图 4-15 和图 4-16 为不同生育期水分胁迫下小麦叶片气孔导度和净光合速率的变化。拔节期、抽穗期和灌浆期进行水分胁迫能显著抑制小麦的气孔导度和净光合速率的增长，胁迫程度越重，气孔导度和净光合速率的下降越明显，水分胁迫时，拔节期轻度、中度、重度小麦气孔导度分别比对照的减少了 13%、22.7%、52.4%，抽穗期小麦气孔导度分别比对照的减少了 15%、33%、58%，灌浆期小麦气孔导度分别比对照的减少了 22%、34%、65%。各个生育期结束复水后，受到水分胁迫的作物生长加快，复水后第 5 天，拔节期轻度、中度、重度干旱小麦气孔导度分别比对照（CK 处理）减少 8%、23%、44.9%，抽穗期小麦气孔导度分别比对照（CK 处理）减少 12%、21%、48%，灌浆期小麦气孔导度分别比对照（CK 处理）减少 21%、26%、49%。水分胁迫时，拔节期轻度、中度、重度小麦净光合速率分别比对照的减少了 13%、22.7%、52.4%，抽穗期小麦净光合速率分别比对照的减少了 15%、33%、58%，灌浆期小麦净光合速率分别比对照的减少了 22%、34%、65%。各个生育期结束复水后，受到水分胁迫的作物生长加快，复水后第 5 天，拔节期轻度、中度、重度小麦的净光合速率分别比对照（CK 处理）减少 8%、23%、44.9%，抽穗期小麦净光合速率分别比对照（CK 处理）减少 12%、21%、48%，灌浆期小麦净光合速率分别比对照（CK 处理）减少 21%、26%、49%。轻度水分胁迫复水后和水分胁迫时相比与对照（CK 处理）的差距已经出现了明显的缩减，这表明复水后冬小麦的光合作用存在较明显补偿效应，但恢复的程度不足以抵消减少的程度；中度和重度水分胁迫复水后和水分胁迫时相比与对照（CK 处理）的差距减小不明显，补偿效应有限。

由图 4-15 和图 4-16 可知，随着水分胁迫程度的加剧，小麦叶片的气孔导度和净光合速率呈现出逐步下降的趋势。总体而言，任何程度的水分胁迫都会使小麦的净光合速率和气孔导度与 CK 处理出现显著性差异。拔节期、抽穗期和灌浆期三个生育时期中以灌浆期水分胁迫对小麦的净光合速率和气孔导度影响最为显著，相

对于 CK 处理，GL 处理、GM 处理和 GS 处理的气孔导度分别下降了 17.4%、
33.2%和 66%，GL 处理、GM 处理和 GS 处理的净光合速率分别下降了 22.1%、
47.6%和 58.1%。复水后小麦叶片的气孔导度和净光合速率都有所上升，拔节期和
抽穗期轻度水分胁迫下小麦的气孔导度与 CK 处理水平无差异，中度和重度水分胁
迫下小麦的气孔导度与 CK 处理水平差异显著；灌浆期任何程度的水分胁迫都会使
小麦的气孔导度与 CK 处理出现显著性差异，但轻度水分胁迫下小麦的气孔导度与
中度水分胁迫无差异；干旱复水后轻度水分胁迫下小麦的净光合速率与 CK 处理水
平无差异，中度和重度水分胁迫轻度水分胁迫下小麦的气孔导度与 CK 处理水平差
异显著。通过对比复水后与水分胁迫下小麦叶片的净光合速率和气孔导度，轻度水
分胁迫复水后补偿效应明显，小麦叶片的净光合速率和气孔导度与 CK 处理无差
异，中度和重度水分胁迫复水后补偿有限，小麦的光合作用依然受到显著抑制，小
麦叶片的净光合速率和气孔导度与 CK 处理差异显著；拔节期、抽穗期和灌浆期三
个生育期中灌浆期复水后小麦的光合指标受到的影响最为显著，相对于 CK 处理，
GL 处理、GM 处理和 GS 处理的气孔导度分别下降了 28.7%、34%和 49.4%，GL
处理、GM 处理和 GS 处理的净光合速率分别下降了 10.5%、23.2%和 28%。

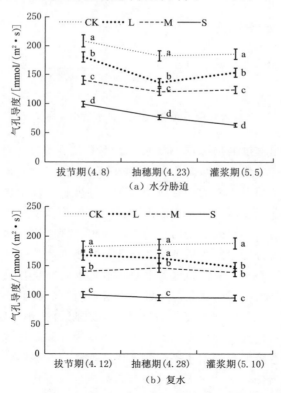

图 4-15 不同生育期不同水分胁迫-复水后小麦的气孔导度变化

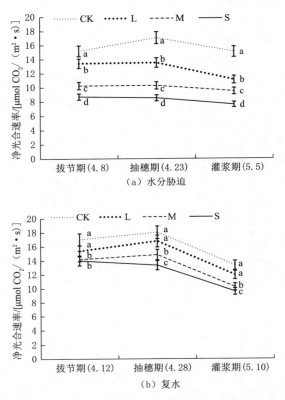

图 4-16　不同生育期不同水分胁迫-复水后小麦净光合速率变化

随着水分胁迫程度的加深，小麦光合速率和气孔导度下降趋势逐渐加剧；拔节期、抽穗期和灌浆期轻度干旱胁迫对小麦的光合速率和气孔导度影响较小，中度及重度干旱对小麦的光合速率和气孔导度影响较为显著。复水后小麦的光合速率和气孔导度均有一定程度上的提升，但均低于对照，复水后出现了补偿效应，复水后的补偿效应受胁迫阶段和胁迫程度影响，胁迫程度越大补偿效应越小。轻度水分胁迫复水后补偿效应明显，小麦叶片的净光合速率和气孔导度与 CK 处理无差异，中度和重度水分胁迫复水后补偿有限，小麦叶片的净光合速率和气孔导度与 CK 处理差异显著，这是因为轻度水分胁迫下影响光合作用的因素主要是气孔因素，复水后叶片的气孔阻力变小，气孔对 CO_2 吸收的限制减弱，复水后光合作用未受到显著抑制；中度和重度水分胁迫下导致小麦体内叶绿素含量降低，激素水平改变，代谢紊乱，叶绿体的结构和功能遭到破坏，叶片细胞损伤，对叶片上的叶肉细胞造成永久性伤害，复水后光合作用依然受到显著抑制。

（三）冬小麦产量及构成因子对干旱胁迫的响应研究

表4-4给出了不同水分胁迫处理下冬小麦产量及构成因子的变化，BL处理、BM处理、BS处理、CL处理、CM处理、CS处理、GL处理、GM处理和GS处理的有效穗数、穗粒数和千粒质量与CK处理存在显著差异，这说明拔节期、抽穗期和灌浆期任何程度的水分胁迫都能够显著降低小麦的有效穗数、穗粒数和千粒质量。同等水分胁迫下比较各个处理的有效穗数和穗粒数表现为：GL处理＞CL处理＞BL处理；GM处理＞CM处理＞BM处理；GS处理＞CS处理＞BL处理。结合各个水分处理与CK处理的差异性可以看出，拔节期水分胁迫对小麦的有效穗数和穗粒数的抑制作用比抽穗期和灌浆期更为明显，与CK处理相比，BL处理、BM处理和BS处理的有效穗数下降了4.6%、23.1%和28%，BL处理、BM处理和BS处理的穗粒数下降了9.6%、19.7%和25%；各个处理的千粒质量表现为：BL处理＞CL处理＞GL处理；BM处理＞CM处理＞GM处理；BS处理＞CS处理＞GS处理，抽穗期和灌浆期水分胁迫对小麦的千粒质量的抑制作用比拔节期更为明显，与CK处理相比，GL处理、GM处理和GS处理的千粒质量减少了9.8%、16.7%和22.8%。拔节期水分胁迫对小麦的有效穗数和穗粒数的影响比较大，抽穗期和灌浆期不同程度的水分胁迫对小麦千粒质量的影响较大。BL处理的平均单株产量与CK处理无差异，这表明拔节期轻度干旱水分胁迫对小麦的平均单株产量影响不大，BM处理、BS处理、CL处理、CM处理、CS处理、GL处理、GM处理和GS处理的平均单株产量与CK处理有显著差异，这说明抽穗期和灌浆期任何程度的水分胁迫都会导致小麦的平均单株产量显著下降。同等水分胁迫下比较各个处理的平均单株产量表现为：BL处理＞CL处理＞GL处理；BM处理＞CM处理＞GM处理；BS处理＞GS处理＞CS处理；灌浆期中度干旱对小麦平均单株产量的影响比拔节期和抽穗期中度干旱处理的大，拔节期、抽穗期和灌浆期重度干旱水分胁迫对小麦平均单株产量的影响无差异。

小麦作物的生长发育和最终产量的形成过程，实际上是作物与外界环境的能量交换过程，体现在光合作用和作物代谢后干物质积累的过程，产量随着水分胁迫程度的加深，差异性越发显著，BL处理、CL处理和GL处理小麦的产量与CK处理产量差异较小，BM处理、BS处理、CM处理、CS处理、GM处理和GS处理小麦的产量与CK处理产量差异较大。同等水分胁迫下拔节期小麦的有效穗数和穗粒数与CK之间的差异比抽穗期和灌浆期更为显著，而抽穗期和灌浆期小麦的千粒质量与CK处理之间的差异比拔节期更为显著，这与李尚忠、宋妮等的研究结果一致。这是因为拔节期水分胁迫下，小麦体内水分缺失，影响细胞分裂，导致小麦生长速率缓慢，植株矮小，结实小穗数减少，不孕小穗数增加，穗粒数减少；灌浆期水分胁迫改变了植物激素的水平，产生代谢变化，小麦通过分解已合成的蛋白质和脂类物质，加强呼吸作用，去适应和降低水分胁迫引起的代谢紊乱等负效应，导致籽粒的蛋白质和脂类物质减少，引起千粒质量变小。同等水分胁迫下对小麦平均单株产量的影响程度 GM 处理大于 BM 处理和 CM 处理，与 CK 处理相比，GM 处理的产量减少了 10.3%，BM 处理和 CM 处理的产量下降了 6.0% 和 7.3%，主要因为灌浆期是小麦光合同化物向小麦籽粒转化的旺盛时期，小麦籽粒产量大部分来自灌浆期的光合同化产物；同等水分胁迫下对小麦平均单株产量的影响程度 GS 处理与 BS 处理、CS 处理一样，与 CK 处理相比，BS 处理、CS 处理和 GS 处理的产量减少了 18.9%、20.1% 和 21.9%，这与宋妮等盆栽试验的"同灌浆期同水分相比，拔节期水分胁迫对产量的影响更大"结果相左，而与赵世伟等研究结果一致，主要原因可能与拔节期和抽穗期复水后小麦的补偿生长有关。

表 4-4　　　　　　　水分胁迫对小麦产量及构成因子的影响

水分处理	有效穗数/(个/桶)	穗粒数/粒	千粒重/g	平均单株产量/(g/株)
BL	67b	44.6b	48.6ab	1.59a
BM	54c	41.3c	46.5b	1.54b
BS	50.6d	38.4d	44.3c	1.33c
CL	69.3ab	47.6ab	47.8b	1.56ab
CM	68b	44.5b	45.4bc	1.52b
CS	64.5bc	40.9c	42.1c	1.28c
GL	68.5ab	48.5ab	47.4b	1.5ab
GM	66.3b	44.7b	43.8c	1.47bc
GS	62.4bc	42.1c	40.6d	1.31c
CK	70.3a	51.2a	52.6a	1.64a

注　不同字母代表不同水分胁迫处理之间差异达到显著水平（$P<0.05$）。

（四）冬小麦水分利用效率对干旱胁迫的响应研究

表 4-5 给出了不同生育阶段不同程度水分胁迫条件下冬小麦水分利用效率的变化。随着水分胁迫的加剧，冬小麦的产量逐渐下降，但冬小麦的水分利用效率表现并不一致，水分利用效率并不随着水分胁迫加剧而减小。拔节期、抽穗期和灌浆期任何程度的水分胁迫处理，随着水分胁迫程度的加剧，冬小麦耗水量也会随之减少，水分生产效率也会随着两者的减少而出现下降趋势。由表 4-2 可知，从耗水量多少上来看，BL 处理＜CL 处理＜GL 处理，BM 处理＜CM 处理＜GM 处理，BS＜处理 CS 处理＜GS 处理；从产量和水分利用

效率的角度来看，BL 处理＞CL 处理＞GL 处理，BM 处理＞CM＞处理 GM 处理，BS＞处理 CS 处理＞GS 处理。这说明拔节期和抽穗期同等水分胁迫处理的耗水量均低于灌浆期水分胁迫处理的耗水量，但拔节期和抽穗期同等水分胁迫处理产量和水分利用效率均高于灌浆期水分胁迫处理的产量和水分利用效率，这是因为灌浆期水分蒸发大，灌水次数多，灌水量大。相对于拔节期和抽穗期，在灌浆期进行水分胁迫不仅能够显著降低冬小麦的产量，而且冬小麦的水分生产效率较拔节期和抽穗期也是明显较低，但是冬小麦的耗水量却反而很大，主要是灌浆期天气气温较高，土壤水分蒸发散失过多的原因，冬小麦自身光合作用受到抑制，光合同化物较少，导致产量降低。分析表 4-5 中不同生育阶段水分胁迫对冬小麦水分利用效率的影响结果可明显看出，拔节期、抽穗期和灌浆期水分胁迫对冬小麦的水分利用效率影响程度大小的次序为：灌浆期＞抽穗期＞拔节期。水分胁迫对冬小麦的水分利用效率影响次序与水分胁迫对冬小麦产量的影响次序相同，说明水分利用效率与产量对不同生育阶段水分胁迫的响应相似。可见，水分条件在灌浆期对小麦的影响十分关键，灌浆期水分胁迫能够显著降低小麦的产量和水分利用效率，拔节期和抽穗期水分胁迫也能够使冬小麦的产量出现大幅度下降，但对冬小麦水分利用效率的影响却较为微小，这说明在冬小麦非关键生育阶段水分条件对水分利用效率的影响不大。

表 4-5 **不同生育期不同干旱胁迫对小麦水分利用效率的影响**

水分处理	产量/(g/桶)	耗水量/mm	水分利用效率/[g/(m² · mm)]
BL	106.72a	255.84	1.48a
BM	101.56b	252.30	1.42b
BS	75.87c	241.68	1.38c
CL	105.12b	259.79	1.43b
CM	99.66b	257.38	1.36c
CS	75.80c	250.18	1.36c
GL	98.36b	265.39	1.31c
GM	83.25c	262.56	1.12d
GS	67.27d	252.65	0.94d
CK	108.99a	268.22	1.44b

注 不同字母代表不同水分胁迫处理之间差异达到显著水平（$P < 0.05$）。

由表 4-5 可知，水分胁迫处理下小麦的产量均低于 CK 处理，但 BL 处理小麦的产量与 CK 处理无显著性差异，但 BL 处理小麦的耗水量低于 CK 处理，而且小麦的水分利用效率高于 CK 处理，这表明拔节期轻度水分胁迫在保证产量的同时，其水分利用效率比 CK 处理更加合理。BM 处理和 CL 处理产量与 CK 处理存在显著差异，耗水量低于 CK 处理，但水分利用效率与 CK 处理无显著差异，这说明拔节期中度水分胁迫和抽穗期轻度水分胁迫小麦的水分利用效率和 CK 处理一样，但其产量却明显减少。由此可见，当冬小麦的产量取得最大值时，冬小麦的水分利用效率却并没有达到最佳值，这说明只一味追求小麦产量最佳，势必会造成水资源的浪费，导致小麦的水分利用效率的低下。拔节期轻度水分胁迫能够达到高产和节水的统一。

（五）结果处理

干旱胁迫对植物的作用有双面性。通常情况下，一定程度的水分胁迫对植物并没有不利影响，只有水分胁迫达到一定程度时，才会对植物产生不良影响。水分胁迫对小麦叶片的净光合速率和气孔导度的影响存在一定的滞后效应，干旱后的复水试验表明：

（1）在拔节期、抽穗期和灌浆期，当土壤相对含水量在 60% 以下时对小麦的株高和叶面积有显著影响，当土壤相对含水量在高于 60% 时，对小麦的株高和叶面积无显著影响。拔节—抽穗期为小麦株高和叶面积增长的关键需水期，对株高和叶面积的影响比灌浆期更为显著，拔节期为小麦株高和叶面积增长的关键需水期，株高较 CK 处理下降了 18.6% 和 29%，叶面积较 CK 处理下降了 18.2% 和 49.5%。

（2）光合作用受抑制不仅发生在水分胁迫的控制过程中，复水后依然受到一定的抑制，其抑制程度与胁迫程度和生育阶段有关，灌浆期受到水分胁迫比拔节期和抽穗期更加难以恢复，气孔导度较 CK 处理下降了 28.7%、34% 和 49.4%，净光合速率较 CK 处理下降了 10.5%、23.2% 和 28.0%。

（3）拔节期、抽穗期和灌浆期任何程度的水分胁迫都会使小麦的有效穗数穗粒数和单株产量降低，土壤相对含水率在 60% 以下时小麦产量下降较为明显。拔节期和抽穗期水分胁迫导致小麦的结实小穗数减少，降低了小麦有效穗数和穗粒数，从而引起产量下降；灌浆期水分胁迫导致小麦千粒质量下降，籽粒干瘪，引起产量降低。

（4）研究结果显示，小麦的灌浆期是产量形成的关键期，此生育阶段小麦遭到干旱胁迫能够显著降低小麦产量和水分利用效率；拔节期干旱胁迫虽然降低小麦的产量，但对 *WUE* 的影响不显著。不同生育阶段干旱胁迫处理对的影响程度的次序为：灌浆期＞抽穗期＞拔节期。

（5）灌水过多或者过少均显著影响冬小麦土壤水分的利用效率，拔节期轻度水分胁迫后复水，冬小麦的单桶产量与 CK 处理无差异，且水分利用效率高于 CK 处理，其他水分胁迫处理复水后也出现了一定的补偿效应，但补偿效果较差，单桶产量和水分利用效率均低于 CK 处理。因此，在冬小麦的整个生长发育过程中，应根据各生育期的需水特性和水分胁迫后复水的补偿规律，进行合理的水分胁迫。

四、不同生育期不同干旱胁迫-复水对夏玉米生长发育的影响

（一）夏玉米生长对干旱胁迫的响应研究

1. 夏玉米株高

（1）拔节—抽雄期不同水分胁迫-复水对夏玉米株高的影响。夏玉米生长发育的基本指标之一为株高，其变化反映了生长速度的快慢。图 4-17 给出了拔节—抽雄期不同水分胁迫-复水后夏玉米株高变化，拔节—抽雄期进行水分胁迫能显著抑制玉米的延伸生长，且随着水分胁迫程度的加剧，株高的减小程度越大。水分胁迫时，BL 处理、BM 处理和 BS 处理的玉米株高分别比对照的减少了 6.1%、11.4%和 28.5%。拔节—抽雄期水分胁迫结束复水后，受到水分胁迫的作物茎秆生长速度明显高于 CK 处理，复水后第 6 天，BL 处理、BM 处理和 BS 处理的株高分别比对照（CK 处理）减少 2.8%、6%和 26%，和水分胁迫时相比 BL 处理和 BM 处理的玉米株高与对照（CK 处理）的差距已大大减小，这说明出现了较明显补偿效应，但恢复的程度不足以抵消减少的程度，BS 处理夏玉米株高与对照（CK 处理）的差距依然很大。拔节—抽雄期干旱胁迫，轻度、中度、重度处理夏玉米的株高和对照差异显著，水分胁迫对夏玉米茎秆生长发育影响最为显著的时期，因而各处理的株高与 CK 处理的差异较显著。

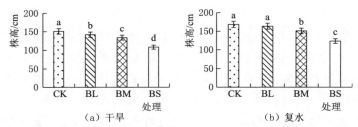

图 4-17 拔节—抽雄期不同水分胁迫-复水夏玉米株高的变化

（2）开花—灌浆期不同水分胁迫-复水对夏玉米株高的影响。图 4-18 给出了开花—灌浆期不同水分胁迫-复水后夏玉米株高的变化，开花—灌浆期玉米的株高随着水分胁迫加剧而减小，且随着水分胁迫程度的加剧，株高的下降

幅度越大，水分胁迫时，KL 处理、KM 处理和 KS 处理的夏玉米株高与对照相比分别的减少了 1.6%、4.7% 和 6.7%。开花—灌浆期水分胁迫结束复水后，受到水分胁迫的作物茎秆生长速度明显高于 CK 处理，复水后第 6 天，KL 处理、KM 处理和 KS 处理的株高分别比对照（CK 处理）减少 1.2%、3.2% 和 6.1%，相对于水分胁迫夏玉米的株高复水后夏玉米的株高与对照（CK 处理）的差距有所减小，这一点表明夏玉米的株高在复水后出现了部分补偿效应，但恢复的程度不足以抵消减少的程度。开花—灌浆期干旱胁迫，轻度、中度、水分胁迫处理夏玉米的株高和对照差异不明显，重度水分胁迫处理夏玉米的株高和对照差异依然明显。各水分胁迫处理夏玉米生育期内株高的延伸趋势大体相似，拔节—抽雄期夏玉米的茎秆快速增长，开花—灌浆期夏玉米的茎秆伸长则相对缓慢，但水分胁迫均造成株高不同程度的降低，轻度水分胁迫对株高影响在拔节—抽雄期和开花—灌浆期均不明显；中度水分胁迫在拔节—抽雄期对株高影响较大，与 CK 处理株高差异显著，而在开花—灌浆期中度水分胁迫对株高影响不大；重度水分胁迫对株高影响在拔节—抽雄期和开花—灌浆期均能明显降低株高。可以看出拔节—抽雄期干旱胁迫对株高的影响明显大于开花—灌浆期。

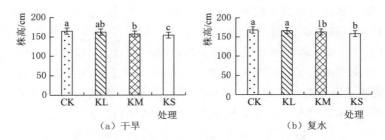

图 4-18　开花—灌浆期不同水分胁迫-复水后夏玉米株高的变化

2. 夏玉米叶面积

（1）拔节—抽雄期不同水分胁迫-复水对夏玉米叶面积的影响。图 4-19 给出了拔节—抽雄期不同水分胁迫-复水后夏玉米叶面积的变化，拔节—抽雄期进行水分胁迫对玉米的叶面积生长有着明显的抑制，水分胁迫程度越重，叶面积的下降幅度越是明显。水分胁迫时，BL 处理、BM 处理和 BS 处理的玉米叶面积分别比对照的减少了 5.2%、10.1% 和 23.2%。拔节—抽雄期水分胁迫结束复水后，受到水分胁迫的作物叶面积生长速度明显高于 CK 处理，复水后第 6 天，轻度、中度、重度水分胁迫夏玉米的叶面积分别比对照（CK 处理）减少 3.6%、8.7% 和 22.4%，相对于水分胁迫夏玉米的叶面积高复水后夏玉米的叶面积与对照（CK 处理）的差距有所减小，这一点表明夏玉米的叶面积在复水后出现了部分补偿效应，但恢复的程度不足以抵消减少的程度。拔节—抽雄期干旱胁迫，中度和重度水分胁迫夏玉米的叶面积和对照差异显著，拔节—抽雄期是叶面积扩展最快的时期，也是对土壤水分最为敏感时期，干旱迫使玉米植株叶片生长受阻，叶面积减小因而各处理间差异较为明显。

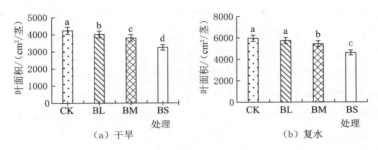

图 4-19 拔节—抽雄期不同水分胁迫-复水后夏玉米叶面积的变化

（2）开花—灌浆期不同水分胁迫-复水对夏玉米叶面积的影响。图 4-20 给出了开花—灌浆期不同水分胁迫-复水后夏玉米叶面积的变化，开花—灌浆期进行水分胁迫对玉米的叶面积生长有着明显的抑制，水分胁迫程度越重，叶面积的下降幅度越是明显。水分胁迫时，KL 处理、KM 处理和 KS 处理的玉米叶面积分别比对照的减少了 3.7%、7.3% 和 12.3%。开花—灌浆期水分胁迫结束复水后，受到水分胁迫的作物叶面积生长速度明显高于 CK 处理，复水后第 6 天，KL 处理、KM 处理和 KS 处理的叶面积分别比对照（CK 处理）减少 2%、3.6% 和 7.4%，和水分胁迫时相比与对照（CK 处理）的差距减小，这说明出现了补偿效应，但恢复的程度不足以抵消减少的程度。开花—灌浆期干旱胁迫，轻度和中度水分胁迫夏玉米的叶面积和对照差异不明显，重度水分胁迫夏玉米的叶面积和对照差异显著，开花—灌浆期以后夏玉米的营养发育从茎秆转移到穗上，因此开花—灌浆期水分胁迫下各处理夏玉米的叶面积与 CK 处理基本接近。

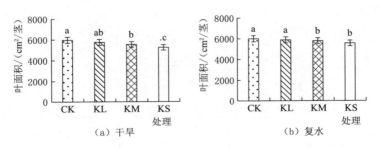

图 4-20 开花—灌浆期不同水分胁迫-复水后夏玉米叶面积的变化

（二）夏玉米气生理对干旱胁迫的响应研究

图 4-21 和图 4-22 给出了不同生育期水分胁迫-复水后夏玉米气孔导度和净光合速率的变化，拔节—抽雄期、开花—灌浆期进行水分胁迫能显著抑制玉米的气孔导度和净光合速率的增长，胁迫程度越重，气孔导度和净光合速率的下降幅度越明显，水分胁迫时，轻度、中度、重度水分胁迫下，拔节—抽雄期玉米的气孔导度分别比对照的减少了 12％、40％ 和 64％，开花—灌浆期玉米的气孔导度分别比对照的减少了 23％、61％ 和 75％；轻度、中度、重度水分胁迫下，拔节—抽雄期玉米净光合速率分别比对照的减少了 13％、25％ 和 34％，开花—灌浆期夏玉米净光合速率分别比对照的减少了 12％、24％ 和 62％。各个生育期结束复水后，受到水分胁迫的作物生长加快，复水后，拔节—抽雄期轻度、中度、重度水分胁迫玉米气孔导度分别比对照（CK 处理）减少 7％、11％ 和 9.1％，开花—灌浆期玉米气孔导度分别比对照（CK 处理）减少 3％、13％ 和 34％；拔节—抽雄期轻度、中度、重度玉米的净光合速率分别比对照（CK 处理）减少 4％、12％ 和 15％，开花—灌浆期玉米净光合速率

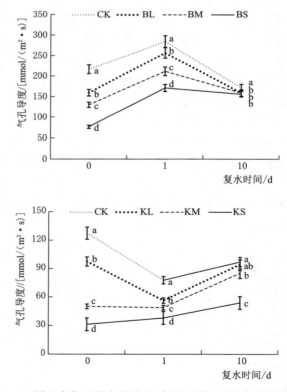

图 4-21　不同生育期不同水分胁迫-复水后夏玉米的气孔导度的变化

分别比对照（CK 处理）减少 5％、13％ 和 26％。轻度水分胁迫复水后和水分胁迫时相比与对照（CK 处理）的差距已经出现了明显的缩减，这表明复水后夏玉米的光合作用存在较明显补偿效应，但恢复的程度不足以抵消减少的程度；中度和重度水分胁迫复水后和水分胁迫时相比与对照（CK 处理）的差距减小不明显，补偿效应有限。

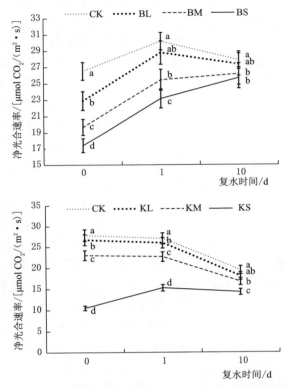

图 4-22　不同生育期不同水分胁迫-复水后夏玉米净光合速率的变化

图 4-21 和图 4-22 为不同生育期不同水分胁迫程度及复水对玉米气孔导度和净光合速率的影响。可以看出，随着水分胁迫程度的加剧，玉米叶片的气孔导度和净光合速率呈现出逐步下降的趋势，表现为水分胁迫程度越严重，气孔导度和净光合速率下降幅度越明显。BL 处理～CS 处理玉米的气孔导度和净光合速率与 CK 处理呈现出显著性差异，且玉米的气孔导度和净光合速率在开花—灌浆期比拔节—抽雄期受水分胁迫较为敏感，相对于 CK 处理，KL 处理、KM 处理和 KS 处理玉米的气孔导度分别下降了 23.5％、60.7％ 和 75％，净光合速率分别下降了 4.1％、17.4％ 和 62.3％。复水 1 天后玉米叶片的气孔导度和净光合速率都有所恢复，但是 BL 处理～CS 处理玉米的气孔导度和净

光合速率与 CK 处理依然存在显著差异，主要因为补偿效应存在一个调整期，一般一周左右。复水 10 天后，不同程度水分胁迫处理下玉米的气孔导度和净光合速率开始大幅度恢复，BL 处理、BM 处理和 BS 处理之间玉米的气孔导度和净光合速率无明显差异，但与 CK 处理依然存在显著差异；KL 处理玉米的气孔导度和净光合速率开始大幅度恢复，与 CK 处理玉米的气孔导度和净光合速率无显著差异，KM 处理和 KS 处理玉米的气孔导度和净光合速率恢复程度有限，与 CK 处理之间差异显著。同等水分胁迫处理复水 10 天后，开花—灌浆期玉米的气孔导度和净光合速率恢复程度明显低于拔节—抽雄期，这说明光合作用受抑制不仅发生在水分胁迫的控制过程中，复水后依然受到一定的抑制，其抑制程度与胁迫程度和生育阶段有关，复水 10 天后，KS 处理玉米的气孔导度比 CK 处理减少了 44.5%，净光合速率比 CK 处理减少了 26.7%

　　作物在水分胁迫条件下其光合性能会受到抑制，且抑制程度随着水分胁迫程度的加剧而加深，复水后玉米的补偿效应存在一个调整期，10 天后 BL 处理～KM 处理玉米的净光合速率和气孔导度与 CK 处理差异明显缩小，因为轻度水分胁迫下影响光合特性的因素主要是气孔因素，复水后叶片的气孔阻力变小，气孔对 CO_2 吸收的限制减弱，玉米的光合作用能够较快的恢复；KS 处理玉米的净光合速率和气孔导度与 CK 处理存在明显差异的主要原因是玉米体内激素水平改变，代谢紊乱，叶绿体的结构和功能遭到破坏，对叶片上的叶肉细胞造成永久性伤害，复水后由于叶片细胞损伤，叶绿素含量降低，即使叶片气孔阻力变小，光合作用依然受到抑制。水分胁迫对玉米的光合作用的抑制作用不仅在水分胁迫过程中，复水后依旧存在一定的抑制作用，其抑制程度因水分胁迫程度和玉米的生育阶段不同而存在差异，且水分胁迫程度和生育阶段与是否为气孔限制抑制玉米光合作用密切相关。玉米的光合作用在开花—灌浆期受水分胁迫影响较为敏感，复水 10 天后，KS 处理玉米的气孔导度较 CK 处理减少了 44.5%，净光合速率比 CK 处理减少了 26.7%。

（三）夏玉米根冠比对干旱胁迫的响应研究

　　表 4-6 为不同生育期水分胁迫后复水对玉米根冠比的影响。从整个生育期来看，玉米的根冠随着水分胁迫程度的加剧呈现出明显下降的趋势，KS 处理根干重和冠干重最小，与同期 CK 处理相比分别减少了 25.8% 和 48.4%，KM 处理与同期 CK 处理相比分别减少了 17.4% 和 35.3%，KL 处理与同期 CK 处理相比分别减少了 7.7% 和 13.1%；BS 处理根干重和冠干重与同期 CK 处理相比分别减少了 14% 和 34.5%，BM 处理与同期 CK 处理相比分别减少了 11.2% 和 29.9%，BL 处理与同期 CK 处理相比分别减少了 4.7% 和 7.9%；且 BL 处理和 KL 处理玉米的单株根干重和单株冠干重与 CK 处理无显著差异，

BM 处理、BS 处理、KL 处理和 KS 处理玉米的单株根干重和单株冠干重与 CK 处理有显著差异，这说明中度和重度水分胁迫复水后的"反冲"生长并不足以补偿根冠因水分胁迫造成的根冠生长损失。从整个生育期来看，玉米的根冠比随着水分胁迫程度的加剧，呈现出明显增大的趋势，KS 处理根冠比最大，与同期 CK 处理相比增加了 47.1%，KM 处理与同期 CK 处理相比增加了 32.3%，KL 处理与同期 CK 处理相比增加了 8.8%；BS 处理根冠比与同期 CK 处理相比增加了 35.2%，BM 处理与同期 CK 处理相比增加了 29.4%，BL 处理与同期 CK 处理相比增加了 5.9%。水分胁迫抑制玉米的冠层和根系的生长发育，各处理冠层和根系的干重均低于 CK 处理水平，然而比较各个处理的根冠比发现：KS 处理＞BS 处理＞KM 处理＞BM 处理＞KL 处理＞BL 处理＞CK 处理。这说明水分胁迫对根系的生长发育的抑制作用比对冠的生长发育更加剧烈，且同等水分胁迫程度下开花—灌浆期玉米的根冠比均高于拔节期—抽雄期玉米的根冠比。试验结果表明水分胁迫能够显著抑制玉米根冠生长，中度和重度水分胁迫处理与 CK 处理差异显著，拔节—抽雄期水分胁迫对玉米茎秆和叶片器官干物质的积累抑制显著，主要因为拔节—抽雄期是玉米营养生长的关键时期，此间水分胁迫影响玉米生长细胞分裂，造成玉米茎叶短小，根系生长趋势大于冠层生长，从而引起根冠比增大。

表 4-6　　　　不同生育期水分胁迫后复水对玉米根冠比的影响

水分处理	单株根干重/g	单株茎叶干重/g	单株穗干重/g	单株冠干重/g	单株总干重/g	根冠比
BL	6.05a	81.72a	85.89a	167.61a	173.66a	0.036b
BM	5.64b	83.46a	44.21b	127.67b	138.31b	0.044a
BS	5.46c	85.79a	33.35b	119.14b	124.61b	0.046a
KL	5.86b	83.23a	74.84a	158.07a	163.93a	0.037b
KM	5.24c	84.44a	33.34b	117.78b	133.02b	0.045a
KS	4.71d	91.16a	2.81c	93.97c	98.67c	0.05a
CK	6.35a	54.95b	127.05a	182a	188.35a	0.034b

注　不同字母代表不同水分胁迫处理之间差异达到显著水平（$P < 0.05$）。

由表 4-6 可知，玉米的单株茎叶干重 KS 处理最高而 CK 处理最低，且随着水分胁迫加剧，玉米的单株茎叶干重逐渐增大；玉米的单株穗干重 CK 处理最高而 KS 处理最低，且随着水分胁迫加剧，玉米的单株穗干重玉呈现下降趋势，可以看出随着水分胁迫的加剧，不同水分胁迫处理单株玉米各器官的干物质积累呈现出相同器官具有相同的变化的趋势，单株茎叶干重在干物质积累中所占的比例逐渐增大，单株穗干重在干物质积累中所占的比例逐渐减少。水分胁迫会使穗的分配比例降低，茎叶分配比例增加，这与陈斐对春小麦的研究结果相左，可能与作物不同相关。水分胁迫抑制了玉米根冠的生长，胁迫程度越重，根冠比越大。从不同的生育阶段来看，水分胁迫都能够使玉米的根冠比增大，但不同阶段水分变化对干物质在根、冠之间的分配比例的影响不同，在开花—灌浆期水分胁迫增大根冠比的效应高于拔节—抽雄期水分胁迫，且乳熟期不论水分胁迫的程度如何，根干重占总干重的 3%～5%，根冠比的变化趋向一致。

（四）夏玉米产量及构成因子对干旱胁迫的响应研究

表 4-7 为不同生育期水分胁迫后复水对桶栽玉米产量及构成因子的影响。比较表 4-2 玉米的穗粒数和单株产量可知：CK 处理＞BL 处理＞KL 处理＞BM 处理＞KM 处理＞BS 处理＞KS 处理。可以看出拔节—抽雄期和开花—灌浆期水分胁迫会使玉米的穗粒数和单株产量降低，且穗粒数和单株产量与水分胁迫的程度呈负相关关系，即胁迫程度越大，玉米的穗粒数和单株产量越小。比较表 4-2 玉米的百粒重可知：KS 处理＞BS 处理＞KM 处理＞BM 处理＞BL 处理＞KL 处理＞CK 处理，拔节—抽雄期和开花—灌浆期水分胁迫会使玉米的百粒重增大，且百粒重与水分胁迫的程度呈正相关关系，即胁迫程度越大，玉米的百粒重越大。拔节—抽雄期和开花—灌浆期任何程度的水分胁迫都会使玉米的穗粒数和单株产量降低，且与水分胁迫的程度呈负相关关系，即胁迫程度越大，玉米的穗粒数和单株产量越小，这说明，水分胁迫严重影响玉米的穗分化，降低花丝和花粉活性，使受精成功率下降，从而导致结实粒数减少。拔节—抽雄期和开花—灌浆期任何程度的水分胁迫都会使玉米的百粒重增大，且与水分胁迫的程度呈正相关关系，即胁迫程度越大，玉米的百粒重越大，这是因为水分胁迫使玉米的双穗率低、籽粒数少，在水分胁迫—复水后植株源相对充足时，光合同化物流向相对集中，因而使百粒重增加，这与张玉娜干旱对谷子干物质分配的研究结果相似。开花—灌浆期重度干旱水分胁迫玉米穗粒数极少，产量极低，各个水分胁迫之间玉米的单株产量差异显著；拔节—抽雄期中度和重度分胁迫玉的单株产量无显著性差异。

表 4-7　不同生育期水分胁迫后复水对桶栽玉米产量及构成因子的影响

水分处理	穗粒数/个	百粒重/g	单株产量/g
BL	165b	35.93bc	56.02a
BM	109bc	40.76b	43.33b
BS	96c	43.52b	37.42b
KL	147b	33.8bc	54.18a
KM	99c	42.28bc	38.77b
KS	14d	48.88a	2.07c
CK	364a	28c	57.95a

注　不同字母代表不同水分胁迫处理之间差异达到显著水平（$P<0.05$）。

（五）夏玉米水分利用效率对干旱胁迫的响应研究

表 4-8 显示了土壤水分胁迫下夏玉米水分利用效率的变化。拔节—抽雄期轻度干旱耗水量与 CK 处理相比较低，产量也低于 CK 处理，但拔节—抽雄期轻度干旱的水分利用效率最好，这说明表明适宜的水分条件有利于夏玉米生长的发育，对玉米在各个器官干物质的分配有益。拔节—抽雄期和开花—灌浆期任何程度的水分胁迫处理，随着水分胁迫程度的加重，夏玉米耗水量也会越小，水分生产效率也降低。由表 4-8 可知：从耗水量多少来看，BL 处理＜KL 处理，BM 处理＜KM 处理，BS 处理＜KS 处理；从产量和水分利用效率的角度来看，BL 处理＞KL 处理，BM 处理＞KM 处理，BS 处理＞KS 处理。这说明拔节—抽雄期和开花—灌浆期同等水分胁迫处理的耗水量均低于开花—灌浆期水分胁迫处理的耗水量，但拔节—抽雄期同等水分胁迫处理产量和水分利用效率均高于开花—灌浆期水分胁迫处理的产量和水分利用效率，这是因为开花—灌浆期水分蒸发大，灌水次数多，灌水量大。相对于拔节—抽雄期，在开花—灌浆期进行水分胁迫不仅能够显著降低夏玉米的产量，而且夏玉米的水分生产效率较拔节—抽雄期也是明显较低，但是夏玉米的耗水量却反而很大，主要是开花—灌浆期天气气温较高，土壤水分蒸发散失过多的原因，夏玉米自身光合作用受到抑制，光合同化物较少，导致产量降低。分析表 4-8 中不同生育阶段水分胁迫对夏玉米水分利用效率的影响结果可明显看出，拔节—抽雄期和开花—灌浆期水分胁迫对夏玉米的水分利用效率影响程度大小的次序为：开花—灌浆期＞拔节—抽雄期。水分胁迫对夏玉米的水分利用效率影响次序与水分胁迫对夏玉米产量的影响次序相同，说明水分利用效率与产量对不同生育阶段水分胁迫的响应相似。可见，水分条件在开花—灌浆期对玉米的影响十分关键，开花—灌浆期水分胁迫能够显著降低玉米的产量和水分利用效率，拔节—抽雄期水分胁迫也能够使夏玉米的产量出现大幅度下降，但对夏玉米水分利用效率的影响却较为微小，这说明在夏玉米非关键生育阶段水分条件对水分利用效率的影响不大。

表 4-8　　　不同生育期不同干旱胁迫对玉米水分利用效率的影响

水分处理	产量/(g/桶)	耗水量/mm	水分利用效率/[g/(m² · mm)]
BL	112.04a	263.79	1.50a
BM	86.67b	252.47	1.21b
BS	74.84c	247.70	1.07c
KL	108.35a	270.56	1.42b
KM	77.54c	258.49	1.06c
KS	4.14d	251.95	0.06d
CK	115.89a	297.33	1.38b

注　不同字母代表不同水分胁迫处理之间差异达到显著水平（$P<0.05$）。

由表 4-8 可知，水分胁迫处理下玉米的产量均低于 CK 处理，BL 处理和 KL 处理玉米的产量与 CK 处理无显著性差异，但 BL 处理和 KL 处理玉米的耗水量低于 CK 处理，而且玉米的水分利用效率高于 CK 处理，这表明拔节—抽雄期和开花—灌浆期轻度水分胁迫能够在保证产量的同时，其水分利用效率比 CK 处理更加合理。BM 处理产量与 CK 处理存在显著差异，耗水量低于 CK 处理，但水分利用效率与 CK 处理无显著差异，这说明拔节—抽雄期中度水分胁迫玉米的水分利用效率和 CK 处理一样，但其产量却明显减少。由此可见，当夏玉米产量取得最大值时，夏玉米的水分利用效率却并没有达到最佳值，这说明只一味追求玉米产量最佳，势必会造成水资源的浪费，导致玉米的水分利用效率的低下。拔节—抽雄期和开花—灌浆期轻度水分胁迫能够达到产量和节水的统一。

（六）小结

1. 水分胁迫后复水对玉米株高和叶面积的影响

在夏玉米的整个生育阶段内，水分胁迫处理与玉米株高和叶面积的增长呈负相关的关系，即水分胁迫程度越是严重，株高和叶面积的下降趋势越为显著。拔节—抽雄期为夏玉米株高和叶面积延伸生长最为迅速的生育期，期间水分胁迫会使 BL 处理、BM 处理和 BS 处理的玉米株高分别比对照的减少了 6.1％、11.4％和 28.5％，BL 处理、BM 处理和 BS 处理的玉米叶面积分别比对照的减少了 5.2％、10.1％和 23.2％。

2. 水分胁迫后复水对玉米叶片气孔导度和净光合速率的影响

水分胁迫影响了玉米的正常光合作用，导致了整体净光合速率和气孔导度的下降。从整个生育期来看，玉米叶片的光合作用在开花—灌浆期受的水分胁迫影响较为敏感，开花—灌浆期中度和重度水分胁迫复水玉米的气孔导度和净光合速比拔节—抽雄期更加难以恢复。水分胁迫对玉米的净光合速率和气孔导度的影响滞后效应较明显，干旱后复水实验表明，水分胁迫对玉米的光合作用的抑制作用不仅在水分胁迫过程中，复水后依旧存在一定的抑制作用，其抑制程度因水分胁迫程度和玉米的生育阶段不同而存在差异，且水分胁迫程度和生育阶段与是否为气孔限制抑制玉米光合作用密切相关。开花—灌浆期重度水分胁迫复水玉米的气孔导度和净光合速比拔节—抽雄期更加难以恢复，复水 10 天后，KS 处理玉米的气孔导度比 CK 处理减少了 44.5％，净光合速率比 CK 处理减少了 26.7％。

3. 水分胁迫后复水对玉米根冠比的影响

水分胁迫对玉米根冠的生长产生不利影响，胁迫程度越重，根冠比越大。从不同的生育阶段来看，水分胁迫都能够使玉米的根冠比增大，但不同阶段水分变化对干物质在根、冠之间的分配比例的影响不同，在开花—灌浆期水分胁迫增大根冠比的效应高于拔节—抽雄期水分胁迫，且乳熟期不论水分胁迫的程度如何，根干重占总干重的 3%～5%，根冠比的变化趋向一致。

4. 水分胁迫后复水对玉米产量及构成因子的影响

在玉米的拔节—抽雄期和开花—灌浆期分别进行水分胁迫，可直接影响到玉米的穗分化和双穗率，从而最终影响到单株产量。水分胁迫会造成雌性小花大量不孕，导致单株穗粒数下降，下降速率随着水分胁迫的强度和胁迫时期不同而不同。胁迫程度越重，单株穗粒数下降速率越显著。复水后的补偿效应表现为百粒重的增加，由于玉米的遗传特性，这种补偿效应有限，玉米穗粒数下降导致的减产远远大于百粒重增加的补偿效应，总重表现为单株产量的下降。同等水分胁迫程度下，开花—灌浆期玉米的单株产量低于拔节—抽雄期玉米的单株产量。

5. 水分胁迫后复水对玉米水分利用效率的影响

灌水过多或者过少均显著影响夏玉米土壤水分的利用效率，拔节—抽雄期和开花—灌浆期轻度水分胁迫后复水，夏玉米的单桶产量与 CK 处理无差异，且水分利用效率高于 CK 处理，其他水分胁迫处理复水后也出现了一定的补偿效应，但补偿效果较差，单桶产量和水分利用效率均低于 CK 处理。因此，在夏玉米的整个生长发育过程中，应根据各生育期的需水特性和水分胁迫后复水的补偿规律进行合理的水分胁迫，既充分发挥补偿效应，又保证产量，达到提高水分利用效率的目的。

第五章 河南省农业干旱预测研究

一、预测干旱的方法

（一）陆气耦合模型

通过对干旱机理不断深入的研究探索，大气环流模式、陆地-大气反馈模型、数值天气预报系统等方面取得了极大的进步，陆气耦合的干旱预测模型孕育而生，其中比较有代表性的是美国研发的 WRF 系统。陆气耦合模型基于物理成因对干旱进行预测，通常是以大气环流模式、数值天气预报作为输入值，通过驱动水文/陆面模型对干旱进行预测。于鑫、金建平等运用 WRF 模型对未来 48h 的降水进行预测，之后输入 HEC - HMS 水文模型用来模拟洪水，预测结果优于传统的预测方法。郝春沣、贾仰文等将 WRF 模型与分布式水文模型 WEP 结合，对渭河流域的降水与径流过程进行模拟预测，取得了较好的成果。Wood，Andrew W 运用全球光谱模型与水文模型结合的方法对土壤湿度、径流流量进行预测，并发现预测模型受季节与区域的影响较大。

目前，基于物理成因的陆气耦合模型的开发依旧属于探索阶段，由于干旱机理的复杂性与模型所需参数较多等多方面原因，使模型的预测期较短且预测正确程度也有待提高。

（二）自回归移动平均模型（ARIMA）

自回归移动平均模型（auto regression integration moving average，ARI-MA）是一种时间序列模型，即输入的预测因子为一串时间序列，其中 AR 代表自回归模型，I 代表输入的时间序列必须是平稳的，MA 代表移动平均模型，所以 ARIMA 模型的中文名称为自回归移动平均模型，是自回归型模型与移动平均模型的结合体。

杨绍辉等和白冬妹等运用 ARIMA 模型，对不同深度的土壤水分进行预测，每组预测得出的预测结果都较为理想，预测值与实测值比较接近，结果表明 ARIMA 对于土地墒情预测是个可行且实用的方法。韩萍等对关中地区 SPI 时间序列进行预测，实验得出，对于大时间尺度的 SPI 时间序列预测精确度大于小时间尺度的 SPI 时间序列，在预测误差不超过 10％的标准下，大时间尺度的 SPI 时间序列比小时间尺度的 SPI 时间序列预测步数多，所能预测期限更长。王蕾等根据遥感监测数据，构建 VTCI（条件植被温度指数）时间序列，结果表明运用 ARIMA 模型进行干旱预测适用于关中平原地区。Yurekli K 等对 Kelkit 河的径流量进行模拟预测，运用 ARIMA 模型取得了成功。

但 ARIMA 模型有着局限性，它假设预测因子之间存在着线性关系，所以它在捕获非线性特征时存在着不足，所以 ARIMA 对于干旱期限较长的干旱预测，表现结果不令人满意。

（三）马尔科夫链模型

马尔科夫链由俄国科学家安德烈·马尔科夫得名，在近 50 年来迅速发展完善，该模型认为状态空间中，一个状态转化到下一个状态的随机过程中，下一状态的概率分布只由当前状态决定，与之前的状态无关，这种"无记忆性"的过程被称为马尔科夫性质。干旱的界定有着具体的阈值，在这种情况下干旱预测的问题可以表述为湿或正常状态向干燥状态的转变，马尔科夫链可以对这种转移状态建立模型。

姜翔程和陈森发运用灰色理论与马尔科夫链理论结合，对我国干旱农作物受灾面积进行预测；李凤娟和刘吉平应用马尔科夫链对近一百年的长春市干旱与洪涝的转化关系进行分析，得出中雨年具有较强记忆力，对下年的旱涝的影响较大。孙鹏等对鄱阳湖流域水文气象干旱进行分析预测，预测出鄱阳湖流域中河流的水文气象干旱状态的转化概率。林洁等对湖北省干旱进行短期预测，结果表明马尔科夫链对于 3 个月以内的干旱预测精度较高，但随着干旱等级越高，预测的偏差加大。

（四）支持向量机（SVM）

支持向量机是由统计学原理发展而来的，作为一种人工智能方法，它能够模拟干旱指标与其他变量之间的非线性相关性，因此已被广泛用于干旱预测。

于海姣等利用降水和径流的动态数据作为支持向量机模型的输入向量，对祁连山排露沟流域日径流进行预测，结果表明支持向量机对排露沟流域日径流预测具有良好适用性。迟道才等采用遗传算法来优化支持向量机的参数，应用浑河流域 4 个县市 40 年以上的降水量时间序列作为训练样本，用最后 5 年降水量数据作为验证，取得了较高的预测精度，但对于长期预测，由于误差累计叠加，预测偏差将逐渐偏离真实值。樊高峰等和林盛吉等应用支持向量机对干旱进行预测，都取得了较为理想的结果。

（五）人工神经网络（ANN）

人工神经网络是一种黑箱模型，能够不通过模拟数据的具体函数关系，通过模仿人类大脑神经元所获取的学习能力，来模拟数据上的非线性依赖关系而被广泛地应用于预测方面的研究。

张颖超、刘玉珠以杭州近 50 年的月降水量为研究资料，以 BP 神经网络与空间重构理论结合对之后一年 12 个月降水量进行预测，结果表明模型预测性能良好；周良臣等运用 BP 神经网络模型，以降水量、蒸发量等数据为 BP 神经网络的输入变量，对山西省汾河灌区土壤墒情进行预报，证明 BP 神经网络可以很好地对土地墒情进行仿真拟合；李艳梅、李广运用 BP 神经网络，以降水量、辐射量、最高温度、最低温度为输入变量，以农作物减产率为参考指标，对农业干旱等级进行了预测；侯珊珊等运用相空间重构理论，以重构后的植被温度指数时间序列，运用 RBF 模型对干旱进行了预测。

运用人工神经网络进行预测的例子数不胜数，但通过学习研究发现，绝大部分研究者运用的方法几乎都是 BP 神经网络与 RBF 神经网络。NAR 神经网络在时间序列预测方面的能力强于 BP 神经网络和 RBF 神经网络。NAR 神经网络在国内干旱预测方面的应用还很少，本书将运用 NAR 神经网络，对干旱预测领域进行尝试。

二、主要研究内容与技术路线

（1）对干旱定义、干旱类型、具有代表性干旱指标进行了总结归纳。

（2）对河南省农业状况归纳总结，根据研究目的，选择了 5 个具有代表性地区作为研究区，对河南的干旱特点与规律进行剖析。

（3）对干旱指标适用性进行分析。

（4）运用 NAR 神经网络，对研究区农业干旱进行预测。

技术路线如图 5-1 所示。

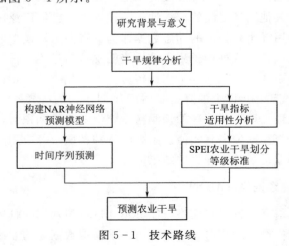

图 5-1　技术路线

三、干旱定义与预测方法

(一) 干旱的定义与类型

由于干旱涉及不同的时间尺度与空间尺度,产生干旱的原因多样复杂,而且在不同地理社会人文环境下它的表现形式、危害程度又不尽相同,所以干旱的定义至今没有统一,不同机构组织对干旱有着不同的定义,而且根据干旱对不同领域所造成的不同影响,干旱又可分为 4 种类型。表 5-1 给出了不同机构组织对干旱的定义。表 5-2 给出了干旱的不同类型。

表 5-1   不同机构组织对干旱的定义

机 构 组 织	定 义
世界气象组织 (1986 年)	长期、异常的缺乏降水所造成的自然现象
联合国控制干旱及荒漠化会 (1994 年)	由于降水量不足造成自然界水资源短缺,对农业生产造成不良影响
天气与气候百科全书 (1996 年)	在一段时间内,降水量严重低于历史同期水平
联合国粮食及农业组织 (2002 年)	土壤中水分过少,不能完全满足农作物的生长发育需求,造成农作物产量降低
美国气象学会理事会 (2003 年)	由于降水减少或气候炎热干燥,使水资源的需求量远大于供给量
联合国国际减灾战略机构 (2005 年)	超过 3 个月的降水不足
水利部《旱情等级标准》(2008 年)	由于降水减少或入境水量不足,造成工农业生产和城乡居民生活用水需求得不到满足的供水短缺现象

表 5-2   干 旱 类 型

干 旱 类 型	定 义
气象干旱	在一段时间内,水分蒸发量超过降水量所引起水分短缺现象
农业干旱	土壤水分不足以支持农作物正常生长发育,从而造成农业减产的现象
水文干旱	长时间的降水短缺,造成河流湖泊水位下降、流量减少
社会经济干旱	供水满足不了人类社会需要,所造成的工业、农业、生活服务业用水缺乏,影响人类活动与社会经济发展的社会现象

这四类干旱类型中,气象干旱只单纯与自然降水有关,和人类社会方面无关,是最简单的自然现象。其他三种类型不仅与自然降水有关,更与人类生活、社会用水息息相关,而且这三种干旱频率小于气象干旱,因为这三种干旱的发生不仅与自然降水有关,还与自然界中江河湖海与地下水的供给有关。所

以短时间的气象干旱并不会引起其他三种类型的干旱。只有气象干旱持续几周，引起土壤水分不足，才会引起农业干旱。当降水量不足引起气象干旱后，如果及时灌溉或利用其他技术措施保持土壤水分，使土壤中的水分可以满足农作物的生长需求，就可以避免农业干旱的发生。几个月以上的降水不足，使江河湖海与地下水的水位下降才会引起水文干旱。社会经济干旱更注重的是人类社会的用水需求与自然界水分供给之间的供求关系，优化用水结构，提高用水效率，是当前减少社会经济干旱最有效的措施。

（二）干旱指数

目前，干旱指数已经成为了干旱研究的基础。由于在不同区域，不同领域，对不同人群，干旱所造成的后果并不相同，所以对干旱的危害进行量化是很困难的。而且干旱指标对研究区域的准确量化和适用性又是干旱研究的重要基础，所以干旱指标的选取是干旱研究的一个重点问题。

1. 帕尔默干旱指标

帕尔默干旱指标（Palmer drought severity index，PDSI），是 Wayne-Palmer 于 1965 年研发的，是第一个具有划时代意义的干旱指标，在 SPI 提出之前，它是应用最为广泛的干旱指标。

帕尔默引用了水分平衡原理，是从物理角度出发给定的干旱指数，它的核心思想是在一段时间内，某地区的实际水分供给量与适宜水分供给量之间的关系。实际水分供给量在一定时间内低于适宜水分供给量，则会发生干旱。但帕尔默干旱指标也有着一定的缺点，首先它需要的资料数据要求过高，时间尺度不够灵活，计算 $PDSI$ 有很大的任意性；其次，适宜水分供给量是建立在历史的平均降水数据上，与农作物需水没有联系，用于测量农业干旱并不准确；最后，在空间尺度上，实践表明它在很多地区并不适用，因此，美国国家干旱减缓中心与西部区域性气候中心都认为 SPI 实用性要强于 $PDSI$，他们更推荐使用 SPI。

2. 标准化降水指数指数

标准化降水指数（standardized percipitation index，SPI）是美国人Mckee 于 1993 年发明的，由于它具有四大优点，让它广泛地应用于世界各地，亚洲、欧洲、非洲都有其应用的身影，世界气象组织（WMO）、美国干旱监测中心等权威组织推荐用 SPI 来对干旱进行监测。

SPI 的四大优点如下：

（1）不同于 $PDSI$ 等干旱指数只适用于一些特定地区，应用于不同地区时需要进行试验研究，修改参数的问题，SPI 指数具有适用于适用人类居住的各个国家任何地区的优点，在不同空间、不同地域的应用上具有巨大的优势。

（2）SPI 具有多时间尺度，通常 SPI 指数应用降水序列的月值计算，如 2016 年 6 月不同时间尺度下的 SPI 值有着不同的含义，$SPI-1$ 代表 2016 年 6 月的干旱情况，$SPI-2$ 代表 5 月与 6 月 2 个月的干旱情况，$SPI-6$ 代表从 2016 年 1—6 月这半年的干旱情况。因为 SPI 指数有着不同的时间尺度，所以它可以应用于不同类型的干旱，$SPI-1$ 应用于气象干旱，$SPI-2$、$SPI-3$ 通常应用于农业干旱，$SPI-12$、$SPI-24$ 用于水文干旱。

（3）资料获取容易。计算 SPI 只需要降水的时间序列这一个单独因素，且计算简单，实用性强。

（4）标准化。SPI 的计算原理是将降水数据拟合为当地的降水分布，之后将降水分布正太标准化，得出的数值只是跟当地的历史水平相比较，数值大，代表着降水量跟历史水平相比偏多；数值小，代表着降水量跟历史水平相比偏小，所以说 SPI 指数具有时空一致性。由于 SPI 的计算是根据历史资料拟合降水分布的，所以 SPI 的计算需要降水时间序列不能太短，通常情况下，降水时间序列至少需要 30 年以上，长度一般为五六十年为宜。

SPI 计算方法如下。

通过研究发现，降水分布不属于正态分布，而与 Γ 分布拟合程度较高。设所研究区域一段时间内的降水量为 X，其相应的概率密度函数为

$$g(x)=\frac{1}{\beta^{\gamma}\Gamma(x)}X^{\gamma-1}\mathrm{e}^{-x/\beta}, \quad x>0 \tag{5-1}$$

式中　β——尺度参数；

　　　γ——形状参数；

　　　x——降水量。

β 和 γ 都大于零，可用极大似然估计方法求得：

$$\hat{\gamma}=\frac{1+\sqrt{1+\frac{4}{3}A}}{4A}$$

$$\hat{\beta}=\frac{\overline{x}}{\hat{\gamma}}$$

其中 $A=\lg x-\frac{1}{n}\sum_{i=1}^{n}\lg x_i$ ，n 降水时间序列的长度。

根据所求的降水量概率密度函数，可得出降水量 x 小于 x_0 的概率为

$$G(x<x_0)=\int_0^{x_0}f(x)\mathrm{d}x \tag{5-2}$$

在实际生活中降水量可以为 0，但 $G(X)$ 中不包含降水量为 0 的情况，所以累计概率应为

$$H(X)=u+(1-u)G(X) \tag{5-3}$$

式中，$u=m/n$，m 为序列中 $x=0$ 的个数。

对 Γ 分布概率进行正态标准化，便可获得 SPI 指标值。

当 $0<H(X)\leqslant0.5$ 时：

$$SPI=-\Big(k-\frac{2.52-0.8k+0.01k^2}{1+1.43k+0.19k^2+0.001k^3}\Big),k=\sqrt{\ln[1/H(X)^2]}$$

$$\tag{5-4}$$

当 $0.5<H(X)\leqslant1$ 时：

$$SPI=k-\frac{2.52-0.8k+0.01k^2}{1+1.43k+0.19k^2+0.001k^3},k=\sqrt{\ln\{1/[1/H(X)^2]\}}$$

$$\tag{5-5}$$

根据降水资料，运用式（5-4）~式（5-5）在计算机内编程计算，便可得出 SPI 指数，根据《气象干旱等级》（GB/T 20481—2017）中规定的划分标准，SPI 干旱等级分类见表 5-3。

表 5-3　　　　　　　　　SPI 指数对干旱程度的划分

标准化降水指数	干旱程度	干旱等级
$-0.5<SPI$	无旱	1
$-1.0<SPI\leqslant-0.5$	轻旱	2
$-1.5<SPI\leqslant-1.0$	中旱	3
$-2.0<SPI\leqslant-1.5$	重旱	4
$SPI\leqslant-2.0$	特旱	5

3. 标准化降水蒸散指数

标准化降水蒸散指数（standardized precipitation evapotranspiration index，SPEI），由学者 Vicente-Serrano 于 2010 年提出，是将 $PDSI$ 指数与 SPI 指数进行的结合，既考虑了蒸发对干旱影响，又具有多时间尺度、多空间尺度的优点。

计算 $SPEI$，首先要计算潜在蒸散量（potential evapotranspiration，PET），Vicente-Serrano 推荐使用 Thornthwaite 法对潜在蒸散 PET 进行计算。

Thornthwaite 法计算潜在蒸散量是以月平均温度为主要依据，并考虑纬度因子（日照强度）建立的经验公式。

潜在蒸散量计算公式如下：

$$PET=16.0\Big(\frac{10T_i}{H}\Big)^A \tag{5-6}$$

式中　PET——潜在蒸散量，此处指月的潜在蒸散量，mm/m；

　　　T_i——月平均气温，℃；

　　　H——年热量指数；

　　　A——常数。

各月热量指数 H_i 计算公式如下：

$$H_i = \left(\frac{T_i}{5}\right)^{1.514} \qquad (5-7)$$

年热量指数 H 计算公式如下：

$$H = \sum_{i=1}^{12} H_i \qquad (5-8)$$

常数 A 计算公式如下：

$$A = 6.75 \times 10^{-7} H^3 - 7.71 \times 10^{-5} H^2 + 1.792 \times 10^{-2} H + 0.49 \qquad (5-9)$$

气温 $T \leqslant 0℃$ 时，月热量指数 $H=0$，潜在蒸散量 $PET=0$。

计算潜在蒸散量 PET 后，接下来计算逐月降水量与潜在蒸散量的差值。

$$D_i = P_i - PET_i \qquad (5-10)$$

式中　D_i——降水量与蒸散量的差值；

　　　P_i——月降水量，mm；

　PET_i——月潜在蒸散量。

根据各个月降水量与潜在蒸散量的差值，构建不同时间尺度的累计水分亏缺序列 X。计算公式如下：

$$X_i^k = \sum_{i}^{j} D_j \qquad (5-11)$$

其中，$i=j-k+1$，$j=1$，$\cdots$，n，n 为时间序列样本数。

用 log - logistic 概率密度函数拟合所建立的累积水分亏缺序列 X 的 log - logistic 概率密度函数为

$$f(x) = \frac{\beta}{\alpha} \left(\frac{x-\gamma}{\alpha}\right)^{\beta-1} \left[1 + \left(\frac{x-\gamma}{\alpha}\right)^{\beta}\right]^{-2} \qquad (5-12)$$

式（5-12）中，参数 α、β 和 γ 计算方法如下：

$$\alpha = \frac{(W_0 - 2W_1)\beta}{\Gamma(1+1/\beta)\Gamma(1-1/\beta)}$$

$$\beta = \frac{2W_1 - W_0}{6W_1 - W_0 - 6W_2}$$

$$\gamma = W_0 - \alpha\Gamma(1+1/\beta)\Gamma(1+1/\beta)$$

其中，Γ 为阶乘函数，W_0、W_1、W_2 为原始数据序列 X 的概率加权矩，计算方法如下：

$$W_s = \frac{1}{N} \sum_{i=1}^{N} (1-F_i)^s X_i \qquad (5-13)$$

$$F_i = \frac{i - 0.35}{N}$$

式中　N——参与计算的月份数。

对概率密度进行标准化：

$$P = 1 - F(x) \qquad (5-14)$$

当累积概率 $P \leqslant 0.5$ 时：

$$W = \sqrt{-2\ln P}$$

$$SPEI = W - \frac{c_0 + c_1 w + c_2 W^2}{1 + d_1 W + d_2 W^2 + d_3 W^3} \qquad (5-15)$$

当 $P > 0.5$ 时，P 值取 $1 - p$：

$$SPEI = -\left(W - \frac{c_0 - c_1 w + c_2 w^2}{1 + d_1 W + d_2 W^2 + d_3 W^3} \right) \qquad (5-16)$$

式中，$c_0 = 2.515517$，$c_1 = 0.802853$，$c_2 = 0.010328$，$d_1 = 1.432788$，$d_2 = 0.189269$，$d_3 = 0.001308$。

根据《气象干旱等级》（GB/T 20481—2017）中规定的划分标准，$SPEI$ 干旱等级分类见表 5-4。

表 5-4　　　　　　　　　　　**$SPEI$ 指数对干旱程度的划分**

标准化降水指数	干 旱 程 度	干 旱 等 级
$-0.5 < SPEI$	无旱	1
$-1.0 < SPEI \leqslant -0.5$	轻旱	2
$-1.5 < SPEI \leqslant -1.0$	中旱	3
$-2.0 < SPEI \leqslant -1.5$	重旱	4
$SPEI \leqslant -2.0$	特旱	5

（三）NAR 动态神经网络

NAR 神经网络（nonlinear auto regressive neural network，NAR）全称为非线性自回归神经网络，作为一种动态递归网络，具有良好的泛化性能，可以对时间序列未来的走势做出准确的判断，因此也被称为时间序列神经网络，经常被应用于构建时间序列数学模型，对时间序列进行仿真模拟。实践证明其具有良好的预测能力，基于其具有动态神经网络的反馈结构，对于中长期时效的非线性问题具有良好的预报、预测性能。

1. 人工神经网络介绍

简单来说，人工智能是让机器具有独立思维能力，使其更好地为人类服务。"类脑智能"是实现人工智能的一个大分支。随着科学技术的发展，人类对大脑的认识逐渐加深，大脑处理信息的奥秘也逐渐被揭露出来，如何运用大脑中蕴含的神经科学、认知科学等科学原理，模仿大脑的信息传递与学习规则，创造出可以像人类大脑一样处理信息的智能计算机模型，是"类脑智能"的最终目的。

人工神经网络便是"类脑智能"中的一类。人脑中大约含有 140 亿个神经元，由它组成的神经网络，是大脑进行如记忆、学习、推理等活动的基础。人类通过对大脑中的神经元进行仿生模拟，创造出了人工神经网络的拥有自主学习、自主组织等能力。人类通过"线性加权""函数映射"对大脑神经元的信息传递进行模拟，利用数学算法搭建网络结构，从而构建出人工神经网络模型。从 M－P 神经元、Hebb 学习规则，到 Hodykin—Huxley 方程、自适应共振网络等经典理论，人工神经网络已拥有了 70 年的发展历史，随着研究者们的辛勤研究，关于人工神经网络的各种理论方法层出不穷，不断地为人工神经网络注入着新鲜血液，到如今人类已经创造出 100 多种人工神经网络模型。虽然与人类大脑中生物神经网络相比还有着巨大的差距，但在多个领域已取得了令世人瞩目的成绩。

1943 年，美国学者 McCulloch 和 Pitts 用数学方法模拟了大脑中神经元信息处理的工程，创造出的 M－P 神经元模型成为了人工神经网络的理论基础，掀起了人工神经网络研究的序幕。在此之后，1949 年 Hebb 发明的 Hebb 学习规则第一次为人工神经网络赋予了学习能力。1958 年，Rosenblatt 等人研制出的感知机模型第一次将人工神经网络的理论应用于生活实际，将联想学习规则与阈值神经元模型结合，使其具有模式识别的能力，让神经网络迈入了新的篇章，自此之后，人工神经网络蓬勃发展，多种学习型神经网络模型踊跃而出。1969 年 Minsky 和 Papert 所写的《感知机》一书突然将正如火如荼、蓬勃发展的人工神经网络打入了冷宫。他们发现单层的人工神经作用有限，不仅对许多复杂的函数无法通过神经网络训练学习得到，就连对实现一些简单的逻辑规律也显得力不从心。人工神经网络的研究自此陷入了低谷期。1982 年出现的 Hopfield 神经网络模型使沉寂很久的人工神经网络彻底复苏，他所创造的网络模型具有联系记忆能力，当网络通过学习训练确定了权重系数，之后再输入的数据即使有一部分错误或不完整，网络依旧可以做出正确的输出结果。Hopfield 又让人工神经网络的研究焕发了生机。在此之后，许多学者开始了人工神经网络方面的研究，希望创造出更接近人脑的神经网络。1983 年，Sejnowski 和 Hinton 创造出的玻尔兹曼机第一次提出了隐含层的概念，隐含层的出现让人工神经网络具有更强的数据表示能力。由于波尔兹曼机存在着学习速度慢、无法表示随机样本等问题，之后衍生出了改进后的限制玻尔兹曼机，但是模型依旧存在着学习速度太慢等问题。直到 2002 年，Hinton 创造出一个让限制波尔兹曼机快速学习的算法，只要限制玻尔兹曼机的隐含层足够多，就能对任何的离散分布进行拟合。目前限制玻尔兹曼机已经被广泛应用，也是深度学习中深度信念网的主要基本组成单元。

人工神经网络中层数的增加可以使网络更加灵活，但多层神经网络一直缺少相应的训练算法，所以初期的人工神经网络都是单层的。1974 年，BP（error back propagation）算法的问世解决了这一难题。BP 算法是由 Werbos 在其博士论文中创造的，它包括输入层、输出层和隐含层三个部分，能够在不知其数学表达式的情况下利用反向传播使网络误差最小化，但 BP 网络也存在着局部最小化、过度拟合、训练速度等问题。1988 年径向基神经网络问世，这一经典模型是由 Broomhead 和 Lowe 创造的，径向基神经网速学习速度很快，被广泛应用于多种工程领域。现如今，人工神经网络已经发展到了深度学习的时代，深度神经网络中的无监督学习能力可以自动提取数据中的高层属性和特征，其战略意义已经提高到了国家层面。

2. NAR 动态神经网络结构

基于是否有反馈功能，可以将人工神经网络分为动态神经网络与静态神经网络，有反馈功能的为动态神经网络，无反馈功能的为静态神经网络。反馈功能指通过神经网络的结构设计使网络的输出值作为网络的输入值再次进入神经网络训练学习。即网络的输出值不仅跟输入值有关，也跟之前的输出值有关。NAR 动态神经网络拥有这种对之前输出值的记忆能力，因此对处理复杂的动态映射尤其是时间序列处理上有很大优势。

NAR 神经网络表达式为

$$y(t)=f\big[y(t-1),y(t-2),y(t-3),\cdots,y(t-n)\big] \qquad (5-17)$$

其结构如图 5-2 所示。

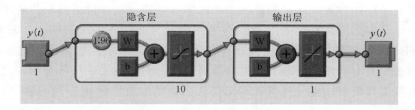

图 5-2　NAR 神经网络结构图

$y(t)$ 代表输出，其中 t 代表时间序列的时刻值，Hidden 代表着隐含层，Output 代表输出层，10 代表着隐含层神经元数量，也被称为隐含层节点个数。1：96 代表延迟步数，表示 $y(t)$ 时刻的值，是根据 $y(t-1)$，$y(t-2)$，$\cdots$，$y(t-96)$ 的值输入隐含层，隐含层根据隐含层节点个数，把数据分解成与隐含层节点个数对应的特征数后对数据进行深层分析处理，转到输出层，输出层根据输出层中所定的权重与阈值，经过激活函数，输出最终结果 $y(t)$。

3. NAR 神经网络的构建

（1）网络训练算法的选择。NAR 神经网络比较常用的训练网络算法有 L-M 法、贝叶斯正规化法和量化共轭梯度法。L-M 法又称莱文贝格-马夸特法（Levenberg-Marquardt algorithm），是在高斯牛顿迭代法和梯度下降法的基础上改良而来，梯度下降算法保证收敛到局部极小值，但比较缓慢；高斯牛顿迭代法很快，但很容易不收敛，L-M 法对两者进行融合，使之拥有量速度快且能保证得到局部最小值的优点，缺点是比较占内存，当问题过于复杂时，它需要计算机拥有大量内存。当网络预测效果停止改进时，训练自动停止。贝叶斯正规化法（Bayesian regularization）适用于预测困难、数据量过少的或有噪声的数据进行预测，可以显著提高其预测效果，也可以避免如 BP 神经网络学习过程中的过度拟合的缺点，但缺点是学习速度较慢，需要更多的学习时间，在降水量预测实践中发现，这种方法有时会产生过度拟合。其中噪声数据是指数据中存在着错误或异常的数据。量化共轭梯度法（scaled conjugate gradient）训练速度虽没有 L-M 法快，它占内存较小，对计算机内存要求比较低。除了这几种方法，训练网络的方法还有梯度下降法、动量梯度下降法、自适应动量下降法、自适应动量梯度下降法、共轭梯度法、Ploak-Ribiere 共轭梯度法、Powell-Beale 共轭梯度法、拟牛顿算法等，但这几种算法性能一般不如上面三种算法，所以构建网络时常用 L-M 法、贝叶斯正规化法与量化共轭梯度法。

（2）隐含层数。NAR 神经网络的隐含层是线性链接的，线性链接的多个隐含层从数据处理角度上来说相当于单隐层，即改变 NAR 神经网络的隐含层神经原数就可以达到设置不同隐含层数的效果。所以在非深度学习的神经网络中，即隐含层是线性连接时，隐含层的数目建议选择一层，理由有以下三点：

1）构建多隐层的神经网络会将大大加强神经网络的结构复杂性，加大神经网络的计算量，加大了网络的学习量，降低了神经网络的训练速度，浪费时间。

2）隐含层过多会引起误差梯度不稳定，而且当项目数量与输入值数量较大时，隐含层的数目过多还将会引起误差的反向传导，使误差增大。

3）隐含层过多会使网络处于极端状态，大大增加了网络陷入局部最小值的概率，减少了网络的训练效果，降低了网络性能。

因此本书构建的 NAR 神经网络采取单隐含层结构。

（3）隐含层神经元数。隐含层中的神经元数量也被称为隐含层节点数。隐含层节点数代表着将数据分解后的特征数量，如果选择太少，对数据的特征就会描述过少，使数据中的几种特征没有分开，通过激活函数时，这些没有完全"分门别类"的特征集通过激活函数时，产生的误差较大，从而大大影响了模型的仿真能力。当隐含层节点数的数量过多时，又会产生将数据分解过多，使数据中的单个特征也被分解了，产生"过度匹配"现象。所以，隐藏层节点数过多时，不仅让网络的计算量大大增加，影响网络的训练速度，也会增大误差使模型精度下降。而且隐含层节点过多时也会产生"过度拟合"的情况。过度拟合对用于训练数据误差很小，几乎可以忽略不计，但当新的数据进行检验时，变会产生巨大误差，说明这时网络只能对已知的数据即用于训练网络的数据进行模拟，网络失去了泛化能力。

（4）延迟步数。延迟步数即参与反馈的输出值数量，所以只有在动态神经网络中才会有，在静态神经网络中时没有的。以降水量为例，如果时间序列是月值数据，当网络的延迟步数为12时，便说明网络预测这个月的降水量是由上12个月的降水量为输入值计算得出的。因此，这一参数对网络构建的重要性不言而喻，时间序列的规律性和延迟步数的相关性非常大，如果选择不合适，会对模型的精度产生巨大的影响。

（5）数据分类。构建网络时要将数据分为三类，分别为训练数据、验证数据与测试数据。训练数据网络进行学习，训练的数据将网络构件成一个整体框架，是网络构建的基础数据。验证数据是对网络进行调适的数据，使网络的误差降低，提高网络精度与性能，是对网络进行"装修"的数据。测试数据不参与构建网络，用于对网络的精度与性能进行"考试"，测试网络是否只对训练过的已知数据有好的拟合效果，测试网络对于"陌生"数据的仿真性能如何。通常情况下，数据中70%用于训练网络，15%用于验证网络，15%用于测验网络。

（6）数据归一化。构建神经网络模型时，往往要对数据进行归一化处理，来消除数据中的量纲影响。NAR神经网络所运用的数据是一条时间序列，所有数据都是相同量纲的，那是否数据还要进行归一化处理呢？NAR神经网络对数据不进行归一化处理，对模型的预测性能不产生影响。但数据不进行归一化处理，会使模型的训练速度变慢。

在模型构建的实验中发现，选取隐含层神经元的经验公式并不适用于NAR神经网络。因此在构建NAR神经网络时，对模型的隐含层神经元数、延迟步数、网络算法要运用试错法来筛选最优值。网络中的权重、阈值在构建网络时，一般是网络根据训练数据自己生成的，而且训练数据、验证数据、测试数据的选择也是随机的，所以即使用相同的参数构建网络，网络的泛化能力的差异性也会很大，因此在构建网络时即使选择的参数相同，也要进行大量多次训练。训练好模型后还应再添加新数据对模型进行测验，添加的新数据不会对网络进行调整，只用于测试网络的性能。因此往往构建NAR神经网络模型至少要进行几百次、上千次的试验，训练模型的速度对构建模型的影响很大，训练速度快会大大缩短构建模型的试验时间，所以本书构建NAR模型时，对数据进行了归一化处理，归一化处理公式如下：

$$X_{norm} = \frac{X - X_{min}}{X_{max} - X_{min}}$$ (5-18)

式中 X——原数数据；

X_{norm}——归一化后的值；

X_{min}——原数数据中的最小值；

X_{max}——原数数据中的最大值。

数据归一化后，结果保留两位小数。

四、干旱规律分析

（一）概况

河南是农业大省，根据河南省 2018 年统计年鉴，表 5-5 列举了河南省各市耕地面积，2017 年河南省播种面积为 1473 万 hm²，其中小麦 571 万 hm²，玉米 400 万 hm²。2017 年河南省共收获粮食 6524 万 t，其中小麦 3705 万 t，玉米 2170 万 t；收获油料 587 万 t；收获蔬菜及食用菌 7530 万 t；瓜果类 1670 万 t。历年来，全国 10% 以上的粮食产量、25% 以上的小麦产量来自河南。

表 5-5　　　　　　　　　2017 年河南省各市耕地面积　　　　　　　　单位：10³ hm²

市（县）		耕地面积	水　田	水浇地	旱　地
省辖市	郑州市	314.92	1.08	192.05	121.80
	开封市	416.03	6.30	391.61	18.12
	洛阳市	433.86	1.68	82.09	350.09
	平顶山市	320.11	1.10	217.62	101.39
	安阳市	407.12	0.04	330.28	76.80
	鹤壁市	119.25	0	109.38	9.87
	新乡市	472.19	39.52	413.71	18.95
	焦作市	195.75	2.90	178.80	14.06
	濮阳市	281.10	25.09	253.67	2.35
	许昌市	336.22	0	248.87	87.35
	漯河市	190.09	0	189.52	0.57
	三门峡市	175.57	0.07	29.18	146.32
	南阳市	1052.19	26.74	305.44	720.01
	商丘市	707.74		569.74	138.00
	信阳市	841.67	626.37	7.54	207.76
	周口市	857.34	0.28	810.42	46.64
	驻马店市	945.40	21.00	205.19	719.21
	济源市	45.72		16.35	29.37

续表

市（县）		耕地面积	水　田	水浇地	旱　地
省直管县	巩义市	39.66		12.82	26.83
	兰考县	68.06	2.66	65.39	0.02
	汝州市	62.36		43.62	18.74
	滑县	133.31		133.17	0.13
	长垣县	68.82	4.35	64.38	0.08
	邓州市	168.89	0.01	63.94	104.74
	永城市	137.50		1.42	136.08
	固始县	156.16	143.60	0.27	12.29
	鹿邑县	84.92		84.91	0.01
	新蔡县	100.17		0.64	99.53
合计		9132.12	902.79	5022.02	3207.11

豫东地区包括商丘市、周口市、开封市和省直辖县（市）鹿邑县、兰考县、永城市，耕地总面积为227.159万hm²，其中：水田0.924万hm²，占比0.4%；水浇田192.3万hm²，占比84.68%；旱田33.887万hm²，占比14.92%。

豫中地区包括郑州市、许昌市、漯河市、平顶山市和省直辖县（市）巩义市，耕地总面积为120.1万hm²，其中：水田0.218万hm²，占比0.18%；水浇田86.088万hm²，占比71.68%；旱田33.794万hm²，占比28.14%。

豫西包括洛阳市、三门峡市省直管县（市）汝州市，耕地总面积为67.179万hm²，其中：水田0.175万hm²，占比0.26%；水浇田15.489万hm²，占比23.05%；旱田51.515万hm²，占比81.45%。

豫南包括信阳市、驻马店市、南阳市以及省直辖县（市）新蔡县、固始县、邓州市。耕地总面积为326.448万hm²，其中：水田81.772万hm²，占比25.05%；水浇田58.302万hm²，占比17.86%；旱田186.354万hm²，占比57.09%。

豫北包括焦作市、濮阳市、新乡市、鹤壁市、济源市、安阳市以及省直辖县（市）滑县、长垣县，耕地总面积为131.614万hm²，其中：水田7.186万hm²，占比5.46%；水浇田116.949万hm²，占比88.86%；旱田7.481万hm²，占比5.68%。

根据农业情况，地理位置与资料完整等方面综合考虑，豫东地区选取商丘市，豫中地区选取许昌市，豫南地区选取驻马店市，豫北选取安阳市，豫西地区选取孟津县作为河南省干旱研究的代表区域。

（二）典型研究区干旱规律分析

1. 商丘干旱规律分析

（1）水文-气象时间序列趋势性与突变性分析研究方法。

1）趋势性研究方法。Mann-Kendall 检验法简称 MK 检验法，可以对时间序列的变化趋势性和突变情况进行检测，是一种非参数检验方法。由于水文-气象时间序列不属于正态分布，因此相较于参数检验法，应用非参数检验法来更为合适。MK 检验法作为非参数检验具有两大优点，一是被检测样本不需遵循具体分布，二是 MK 检验法的结果不受数据中的少数噪点影响。MK检验法是水文、气象研究学者广泛使用且认可的检验方法，并被世界气象组织（WMO）推荐使用，具有一定的权威性。

MK 趋势检验计算过程如下。

对于 n 个相互独立且符合同一分布的时间序列 $X(x_1, x_2, \cdots, x_n)$，计算其检验统计量 S。

$$S = \sum_{k=1}^{n-1} \sum_{j=k+1}^{n} \mathrm{sgn}(x_j - x_k), \quad j < k \tag{5-19}$$

其中：

$$\mathrm{sgn}(x_j - x_k) = \begin{cases} 1, & x_j - x_k > 0 \\ 0, & x_j - x_k = 0 \\ -1, & x_j - x_k < 0 \end{cases}$$

当 $n > 10$ 时，检验统计量 S 近似服从正态分布，其均值为 0，其方差 $\mathrm{Var}(S)$ 由下式求得：

$$\mathrm{Var}(S) = n(n-1)(2n+5)/18 \tag{5-20}$$

将检验统计量 S 转化为标准正态分布 Z。

$$Z = \begin{cases} \dfrac{S-1}{\left[\mathrm{Var}(S)\right]^{0.5}} & S > 0 \\ 0 & S = 0 \\ \dfrac{S-1}{\left[\mathrm{Var}(S)\right]^{0.5}} & S < 0 \end{cases} \tag{5-21}$$

当 $Z > 0$ 时，表示时间序列有上升趋势。当 $Z < 0$ 时，表示时间序列有下降趋势。因为 Z 为双边检验，则给定显著性水平 α，当 $Z > Z^{\alpha}/2$ 或 $Z < Z^{1-\alpha}/2$ 时，趋势通过了显著性水平为 α 的显著性检验。即当 Z 的绝对值 $|Z|$ 分别大于 1.65、1.96、2.58 时，表示时间序列的趋势性分别通过了置信度为 90%、95%、99% 的显著性检验。

2）突变性研究方法。气候突变是普遍存在的一种现象，指气候从一种稳定态转变（或稳定持续的变化趋势）为另一种稳定态的过程，它表现为气候在时空上从一个统计特征到另一种统计特征的急剧变化，即统计规律发生了显著变化的时间点便是序列的突变点。

对时间序列进行 MK 突变性检验时，构造一秩序列：

$$S_k = \sum_{i=1}^{k} r_i, \quad k = 2, 3, \cdots, n \tag{5-22}$$

其中，

$$r_i = \begin{cases} 1, & x_i > x_j \\ 0, & x_i \leqslant x_j \end{cases}, \quad j = 1, 2, \cdots, i$$

根据 s_k，定义统计变量 UF_k。

$$UF_k = \frac{s_k - E(s_k)}{\sqrt{\text{Var}(s_k)}}, \quad k = 1, 2, \cdots, n \tag{5-23}$$

式中，$UF_1 = 0$，s_k 的均值 $E(s_k)$ 与方差 $\text{Var}(s_k)$ 计算方法如下：

$$E(s_k) = \frac{n(n+1)}{4} \tag{5-24}$$

$$\text{Var}(s_k) = \frac{n(n-1)(2n+5)}{72} \tag{5-25}$$

UF_k 符合标准正态分布，与趋势检验时的 Z 值类似，当 $UF_k > 0$ 时，时间序列为上升趋势，当 $UF_k < 0$ 时，时间序列为下降趋势。当绝对值 $|UF_k| >$ 1.65、1.96、2.58 时，表示时间序列的趋势性通过了置信度为 90%、95%、99% 的显著性检验。

再将时间序列 X 逆序排列，再按上式计算，同时使

$$\begin{cases} UB_k = -UF_k \\ UB_1 = 0 \\ k = n, n-1, \cdots, 1 \end{cases} \tag{5-26}$$

画出 UF、UB 曲线图，如果两条曲线出现交点，且交点在置信区间以内，则交点对应的时刻即是时间序列 X 的趋势突变点。

滑动 T 检验法是通过考察 2 组样本的均值差异是否显著来确定是否发生突变，如果两组样本的均值差异超过给定的显著性水平，则认为有突变产生。

对于样本量为 n 的时间序列，滑动点前后两子序列 x_1 和 x_2 的样本量分别为 n_1 和 n_2，两端子序列的平均值分别为 $\overline{x_1}$ 和 $\overline{x_2}$，方差分别为 S_1^2 和 S_2^2，定义统计量：

$$t = \frac{\overline{x_1} - \overline{x_2}}{S \sqrt{\frac{1}{n_1} + \frac{1}{n_2}}} \tag{5-27}$$

t 服从 $t(n_1 + n_2 - 2)$ 分布，选择显著性水平 α，当 $t > t_{a/2}$ 时，说明其存在显著性差异，发生突变。

运用 MK 突变性检验有时会发生误报，把一些不是虚假突变点判断为突变点，因此本文采用运作滑动 T 检验法对 MK 检验法结合起来，用滑动 T 检验法对 MK 突变性检验的结果进行验证，如果在某一时刻，在这两种方法下都通过突变检验，则可以认为此点为突变点。

（2）商丘年降水量趋势性与突变性分析。商丘 1954—2018 年年降水量如图 5-3 所示，年降水量最大值为 1246mm，最小值为 321mm，平均值为 715mm，极差为 925mm，标准差为 178mm。从图 5-3 中可看出，商丘年降水量波动性剧烈，特别是 1954—1968 年、1978—2003 年，降水量数据离散性特别大，极端数值频出，若以 5 年为周期，降水量最大值是降水最小值的 2.5 倍以上。2005—2018 年，14 年中有 9 年超过年平均降水量，降水趋势趋于平稳，每一年的降水量与年平均降水量差值不超过 140mm。对商丘 1954—2018 年年降水量进行趋势检验，MK 检验中 $Z=1.087$，说明 1954—2018 年降水量整体有上升趋势，但未通过置信度为 90% 显著性检验，趋势性不显著。

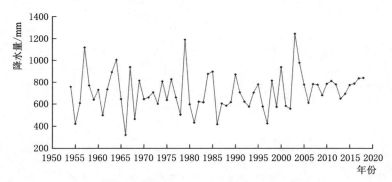

图 5-3　商丘 1954—2018 年年降水量

对商丘 1954—2018 年年平均降水量做突变性检验，对于长度为 60 多年的时间序列，选取 5 年为子序列的长度较为合理，即 $n_1=n_2=5$。MK 检验与滑动 T 检验如图 5-4、图 5-5 所示。MK 检验中，突变点为 2018 年。滑动 T 检验中，当 $n_1=n_2=5$ 时，统计量 t 只能算到 2013 年，所以 2018 年是可疑突变点，不能确定是否为真实突变点。

（3）商丘年平均温度趋势性与突变性分析。商丘 1954—2018 年年平均温度如图 5-6 所示，对此做 MK 趋势检验，$Z=4.8292$，通过了置信度为 99% 的显著性检验，商丘年平均温度有上升趋势，趋势性显著。

对商丘 1954—2018 年年平均温度做突变性检验，滑动 T 检验取子序列的长度 $n_1=n_2=5$，MK 检验与滑动 T 检验如图 5-7，图 5-8 所示。MK 检验中，突变点为 1994 年。滑动 T 检验中，突变点分别为 1958 年、1968 年和

tyas　

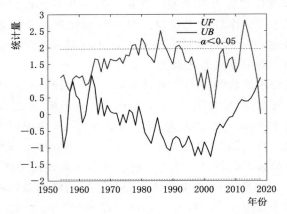

图 5-4　商丘 1954—2018 年年降水量 MK 检验

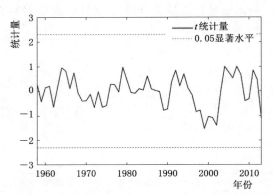

图 5-5　商丘 1954—2018 年年降水量滑动 T 检验

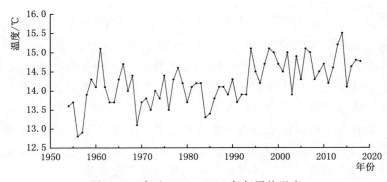

图 5-6　商丘 1954—2018 年年平均温度

1993 年，因此可以确定商丘年平均温度在 1993 年左右发生了突变。

（4）商丘年尺度干旱规律分析。根据《气象干旱等级》（GB/T 20481—

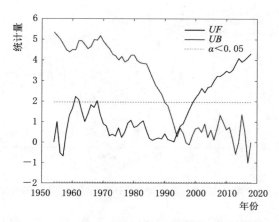

图 5 - 7　商丘 1954—2018 年年平均温度 MK 检验

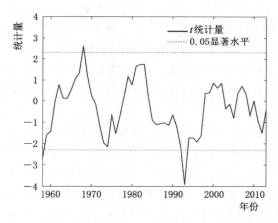

图 5 - 8　商丘 1954—2018 年年平均温度滑动 T 检验

2017）中规定的划分标准，用 SPI 与 $SPEI$ 指标分别对商丘的干旱情况进行分析。本次选用每年 12 月份的 SPI-12、$SPEI$-12 对商丘年尺度的干旱情况进行分析。前文提到，SPI-12 指数代表着当月与前 11 个月的总体干旱情况，例如 1960 年 1 月份的 SPI-12 值代表着 1950 年 2 月至 1960 年 1 月总体的干旱情况，1960 年 6 月的 SPI-12 值代表着 1959 年 7 月至 1960 年 6 月的干旱情况，因为每年 12 月份的 SPI-12 代表着当年 1—12 月的干旱情况。所以选用本文选用每年 12 月份的 SPI-12、$SPEI$-12 对商丘年尺度的干旱情况进行分析。

每年 12 月份的 SPI-12 与 $SPEI$-12 指数如图 5-9 所示。

根据 SPI-12 对干旱情况进行分析，1954—2018 年 65 年中，商丘共发生

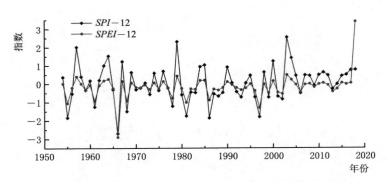

图 5 - 9　商丘 1954—2018 年 *SPI* - 12 与 *SPEI* - 12 对比图

11 次轻旱，频率为 16.9%；中旱 3 次，频率为 4.6%；重旱 4 次，频率为 6.2%；特旱 1 次，频率为 1.5%，总计发生 19 次干旱，频率为 29.23%。

根据 *SPEI* - 12 对干旱情况进行分析，1954—2018 年 65 年中，商丘共发生 6 次轻旱，频率为 9.2%；中旱 3 次，频率为 4.6%；重旱 1 次，频率为 1.5%，未发生特旱，总计发生 10 次干旱，频率为 15.4%。

（5）商丘月尺度干旱规律分析。根据《气象干旱等级》（GB/T 20481—2017）中规定的划分标准，分别选用时间尺度为 1 个月的 *SPI* - 1、*SPEI* - 1 对商丘干旱情况进行分析。

运用 *SPI* - 1 对商丘干旱情况进行分析，商丘 1—12 月份发生干旱月份数量分别为 19 个月、18 个月、20 个月、18 个月、21 个月、18 个月、19 个月、21 个月、16 个月、17 个月、19 个月、21 个月，每个月发生干旱的频率较为相似。780 个月中共有 227 个月发生干旱，干旱频率为 29.1%。其中发生轻旱的有 94 个月，频率为 12.1%；发生中旱的有 88 个月，频率为 11.3%；发生重旱旱的有 31 个月，频率为 4.0%；发生特旱的有 19 个月，频率为 2.4%。1954—2018 年期间，商丘持续干旱时间为 2 个月、3 个月、4 个月、5 个月、6 个月的次数分别为 5 次、3 次、1 次、1 次、1 次。其中干旱持续时间最长的为 1968 年 2 月—1968 年 7 月。

运用 *SPEI* - 1 对商丘干旱情况进行分析。商丘发生干旱频率为 32.2%，其中发生轻旱的频率为 13.3%，发生中旱的频率为 14.0%，发生重旱频率为 4.4%，发生特旱的频率为 0.5%。

根据 *SPI* - 1 对春夏秋冬各个季节的干旱情况分别进行统计，具体情况如下：

1）春旱（3—5 月）。商丘春季发生干旱频率为 30.3%，其中发生轻旱的频率为 14.9%，发生中旱的频率为 8.7%，发生重旱的频率为 4.1%，发生特旱频率为 2.6％。

2）夏旱（6—8 月）。商丘夏季发生干旱频率为 29.7％，其中发生轻旱的频率为 12.3％，发生中旱的频率为 10.3％，发生重旱的频率为 4.6％，发生特旱的频率为 2.6％，其中 6 月、7 月发生过重旱，8 月未发生。

3）秋旱（9—11 月）。商丘秋季发生干旱的频率为 26.7％，其中发生轻旱的频率为 9.7％，发生中旱的频率为 8.2％，发生重旱的频率为 7.2％，发生特旱的频率为 4.6％。10 月、11 月发生重旱的次数多于 9 月，但特旱只在 9 月发生过，10 月、11 月未发生。

4）冬旱（12 月至次年 2 月）。商丘冬季发生干旱的频率为 29.7％，其中发生轻旱的概率为 11.8％，发生中旱的概率为 17.9％，未发生重旱与特旱。

根据 $SPEI—1$ 对春夏秋冬各个季节的干旱情况分别进行统计，具体情况如下：

1）春旱（3—5 月）。商丘春季发生干旱频率为 24.1％，其中发生轻旱的频率为 12.8％，发生中旱的频率为 4.6％，发生重旱的频率为 6.2％，发生特旱频率为 0.5％。

2）夏旱（6—8 月）。商丘夏季发生干旱频率为 31.8％，其中发生轻旱的频率为 8.7％，发生中旱的频率为 17.4％，发生重旱的频率为 5.1％，发生特旱的频率为 0.5％。

3）秋旱（9—11 月）。商丘秋季发生干旱的频率为 34.4％，其中发生轻旱的频率为 13.8％，发生中旱的频率为 15.4％，发生重旱的频率为 4.6％，发生特旱的频率为 0.5％。

4）冬旱（12 月至次年 2 月）。商丘冬季发生干旱的频率为 38.5％，其中发生轻旱的概率为 15.4％，发生中旱的概率为 20.5％，发生重旱的频率为 1.5％，发生特旱的频率为 0.5％。

2. 许昌干旱规律分析

（1）许昌年降水量趋势性与突变性分析。许昌 1953—2018 年年降水量如图 5-10 所示。1953—2018 年，许昌年降水量最大值 1129mm，最小值 412mm，极差 717mm，年平均降水量 718mm，标准差为 170mm，其中 1959—1961 年、2012—2014 年连续三年降水量低于平均值 170mm 以上。对许昌 1953—2018 年年降水量进行趋势检验，MK 检验中 $Z＝－0.587$，说明许昌 1953—2018 年降水量整体呈下降趋势，但未通过置信度为 90％的显著性检验，趋势性不显著。

对许昌年平均降水量做突变性检验，对于长度为 60 多年的时间序列，选取 5 年作为子序列的长度较为合理，即 $n_1＝n_2＝5$，即 $n_1＝n_2＝5$。MK 检验与滑动 T 检验如图 5-11、图 5-12 所示。MK 检验中，突变点为 1959 年、1962 年、1965 年、1999 年、2011 年、2015 年与 2018 年。滑动 T 检验中，突变点

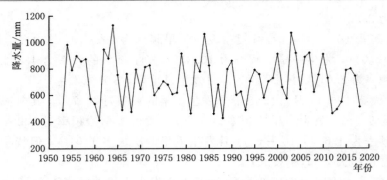

图 5-10　许昌 1953—2018 年年降水量年值

为 2010 年，可以确定许昌年平均降水在 2010 年左右发生突变，滑动 T 检验中，当 $n_1 = n_2 = 5$ 时，统计量 t 只能算到 2013 年，所以 2015 年与 2018 年为可疑突变点，不能确定是否为真实突变点。

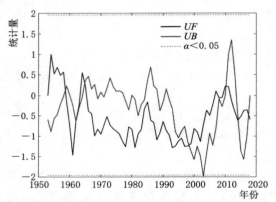

图 5-11　许昌 1953—2018 年年降水量 MK 检验

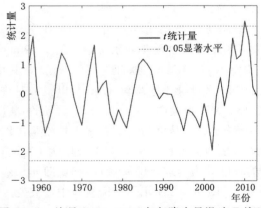

图 5-12　许昌 1953—2018 年年降水量滑动 T 检验

（2）许昌年平均温度趋势性与突变性分析。许昌 1953—2018 年年平均温度如图 5-13 所示，对此做 MK 趋势检验，$Z=1.8796$，通过了置信度为 90% 的显著性检验，年平均温度有上升趋势，趋势性显著。

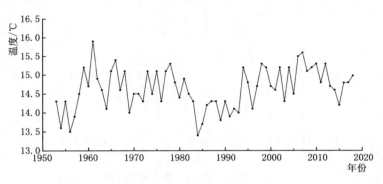

图 5-13 许昌 1953—2018 年年平均温度

对许昌 1953—2018 年年平均温度做突变性检验，滑动 T 检验取子序列的长度 $n_1=n_2=5$，MK 检验与滑动 T 检验如图 5-14、图 5-15 所示。MK 检验中，突变点分别为 1960 年、1965 年、2002 年、2015 年与 2016 年。滑动 T 检验中，突变点分别为 1957 年、1958 年、1981 年、1982 年、1983 年、1993 年、2005 年、2010 年和 2012 年，两种方法判断的突变点未有重合，当 $n_1=n_2=5$，滑动 T 检验统计量 t 只能检验到 2013 年，则 2015 年左右为可疑突变点，不能确定是否为真实突变点。

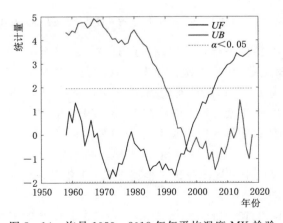

图 5-14 许昌 1953—2018 年年平均温度 MK 检验

（3）许昌年尺度干旱规律分析。选取每年 12 月份的 $SPI-12$、$SPEI-12$ 对许昌年尺度的干旱情况进行分析，SPI、$SPEI$ 指数如图 5-16 所示。

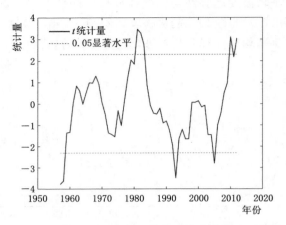

图 5-15　许昌 1953—2018 年年平均温度滑动 T 检验

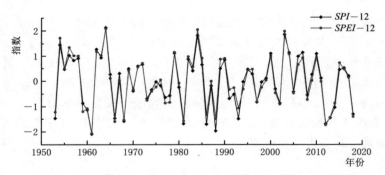

图 5-16　许昌 1953—2018 年 SPI-12 与 $SPEI$-12 对比图

运用 SPI-12 指标进行划分，许昌在 1953—2018 年 66 年中，共发生 9 次轻旱，频率为 13.6%；中旱 7 次，频率为 10.6%；重旱 5 次，频率为 7.5%；特旱 1 次，频率为 1.5%；总计发生 22 次干旱，频率为 33.3%。

运用 $SPEI$ 指标进行划分，许昌在 1953—2018 年 66 年中，共发生 7 次轻旱，频率为 10.6%；中旱 8 次，频率为 12.1%；重旱 4 次，频率为 6.1%；特旱 1 次，频率为 1.5%；总计发生 20 次干旱，频率为 30.3%。

（4）许昌月尺度干旱规律分析。根据 SPI-1 指数，以 1 个月为时间尺度对许昌干旱情况进行分析。

许昌在 1953—2018 年的 792 个月中，1—12 个月发生干旱月份数量分别为 20 个月、17 个月、20 个月、22 个月、20 个月、21 个月、16 个月、18 个月、16 个月、20 个月、19 个月、19 个月。792 个月中共有 228 个月发生干旱，干旱频率为 28.8%，其中发生轻旱的有 112 个月，频率为 14.1%；发生中旱的有 88 个月，频率为 9.1％；发生重旱的有 29 个月，频率为 3.7％，发生特旱的有 15 个月，频率为 1.9％。1953—2018 年期间，许昌持续干旱时间为 2 个月、3 个月、4 个月、5 个月分别出现 25 次、5 次、1 次、1 次。

对春夏秋冬各个季节的干旱情况分别进行统计，具体情况如下：

1）春旱（3—5 月）。许昌春季发生干旱的频率为 31.3％，其中发生轻旱的频率为 18.7％，发生中旱的频率为 7.1％，发生重旱的频率为 3.0％，发生特旱频率为 2.5％，其中 4 月份未发生特旱。

2）夏旱（6—8 月）。许昌夏季发生干旱的频率为 27.8％，其中发生轻旱的频率为 10.6％，发生中旱的频率为 10.1％，发生重旱的频率为 5.1％，发生特旱的频率为 2.0％。

3）秋旱（9—11 月）。许昌秋旱发生的频率为 27.8％，其中发生轻旱的频率为 10.1％，发生中旱的频率为 8.1％，发生重旱的频率为 6.6％，发生特旱的频率为 3.0％。

4）冬旱（12 月至次年 2 月）。许昌冬季发生干旱的频率为 28.3％，其中发生轻旱的频率为 17.1％，发生中旱的频率为 11.1％，1 月，2 月未发生重旱与特旱，12 月只发生过轻旱。

根据 $SPEI$ - 1 对许昌干旱情况进行分析：许昌发生干旱频率为 32.4％，其中发生轻旱的频率为 13.4％，发生中旱的频率为 13.3％，发生重旱频率为 4.8％，发生特旱的频率为 1％。

对春夏秋冬各个季节的干旱情况分别进行统计，具体情况如下：

1）春旱（3—5 月）。许昌春季发生干旱的频率为 31.3％，其中发生轻旱的频率为 12.6％，发生中旱的频率为 11.6％，发生重旱的频率为 5.6％，发生特旱频率为 1.5％。

2）夏旱（6—8 月）。许昌夏季发生干旱的频率为 30.3％，其中发生轻旱的频率为 11.1％，发生中旱的频率为 10.6％，发生重旱的频率为 8.1％，发生特旱的频率为 0.5％。

3）秋旱（9—11 月）。许昌秋季发生干旱的频率为 36.4％，其中发生轻旱的频率为 15.7％，发生中旱的频率为 17.7％，发生重旱的频率为 2.5％，发生特旱的频率为 0.5％。

4）冬旱（12 月至次年 2 月）。许昌冬季发生干旱的频率为 31.8％，其中发生轻旱的概率为 14.1％，发生中旱的频率为 13.1％，发生重旱的频率为 3.5％，发生特旱的频率为 1％。

3. 驻马店干旱规律分析

（1）驻马店年降水量趋势性与突变性分析。驻马店 1958—2018 年，年降水量如图 5 - 17 所示。1958—2018 年，驻马店年降水量最大值为 1791.6mm，最小值为 406.5mm，极差为 1385.1mm，年平均降水量 963.9mm，标准差为 282.2mm，年降水量离散程度极大，2009—2013，连续 5 年降水量在平均值以下，5 年平均降水量为 732.6mm，仅为平均降水量的四分之三。对驻马店市 1958—2018 年年降水量进行趋势检验，MK 检验中 $Z=-0.330$，说明驻马店市 1958—2018 年年降水量整体呈下降趋势，但未通过置信度为 90% 的显著性检验，趋势性不显著。

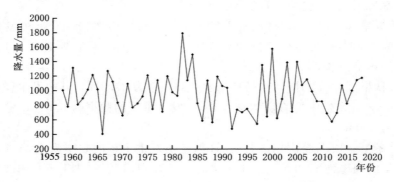

图 5-17　驻马店 1958—2018 年降水量年值

对驻马店年平均降水量做突变性检验，滑动 T 检验取子序列的长度 $n_1=n_2=5$，MK 检验与滑动 T 检验如图 5-18、图 5-19 所示。MK 检验中，突变点为 1958 年、1960 年、1970 年、1971 年、1972 年、1974 年、1976 年、1977年、1978 年、1985 年、1987 年、1988 年、2000 年、2001 年、2003 年和 2004年。滑动 T 检验中，突变点分别为 2007 年、2008 年和 2013 年，两种方法判断的突变点未有重合。

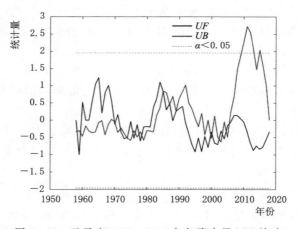

图 5-18　驻马店 1958—2018 年年降水量 MK 检验

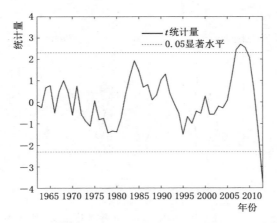

图 5-19　驻马店 1958—2018 年年降水量滑动 T 检验

（2）驻马店年平均温度趋势性与突变性分析。驻马店 1958—2018 年年平均温度如图 5-20 所示，对此做 MK 趋势检验，$Z = 3.9453$，通过了置信度为 99% 的显著性检验，年平均温度有上升趋势，趋势性显著。

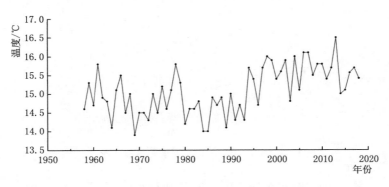

图 5-20　驻马店 1958—2018 年年平均温度

对驻马店 1958—2018 年年平均温度做突变性检验，滑动 T 检验取子序列的长度 $n_1 = n_2 = 5$，MK 检验与滑动 T 检验如图 5-21、图 5-22 所示。MK 检验中，突变点为 1997 年。滑动 T 检验中，突变点分别为 1974 年、1979 年、1993 年、1996 年，因此可以确定驻马店年平均温度突变点为 1996 年左右。

（3）驻马店年尺度干旱规律分析。选取每年 12 月份的 $SPI\text{-}12$、$SPEI\text{-}12$ 对驻马店年尺度的干旱情况进行分析，SPI、$SPEI$ 指数如图 5-23 所示。

根据 $SPI\text{-}12$ 对干旱情况进行划分，1958—2018 年中，驻马店共发生 10

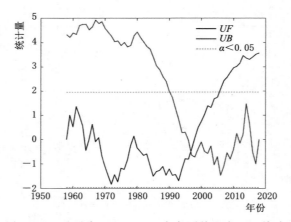

图 5-21　驻马店 1958—2018 年年平均温度 MK 检验

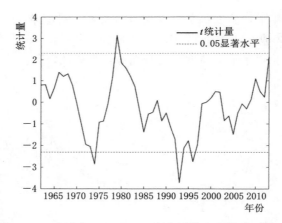

图 5-22　驻马店 1958—2018 年年平均温度滑动 T 检验

次轻旱，频率为 16.4%；中旱 5 次，频率为 8.2%；重旱 2 次，频率为 3.3%；特旱 2 次，频率为 3.3%，总计发生 19 次干旱，频率为 31.1%。

根据 $SPEI$ 对干旱情况进行划分，1958—2018 年中，驻马店共发生 9 次轻旱，频率为 14.8%；中旱 9 次，频率为 14.8%；重旱 3 次，频率为 4.9%；特旱 1 次，频率为 1.6%，总计发生 22 次干旱，频率为 36%。

（4）驻马店月尺度干旱规律分析。在时间尺度为月尺度上，根据 $SPI-1$ 指数划分，驻马店在 1958—2018 年的 732 个月中，1—12 个月发生干旱月份数量分别为 18 个月、16 个月、14 个月、16 个月、14 个月、20 个月、21 个月、19 个月、19 个月、21 个月、23 个月、17 个月。732 个月中共有 218 个月发生干旱，干旱频率为 29.8%，其中发生轻旱的有 110 个月，频率为 15.0%；

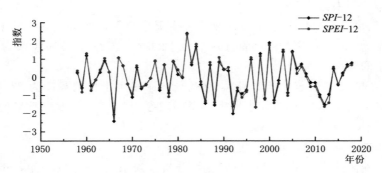

图 5 - 23　驻马店 1958—2018 年 SPI - 12 与 $SPEI$ - 12 对比图

发生中旱的有 60 个月，频率为 8.2%；发生重旱的有 30 个月，频率为 4.1%，发生特旱的有 18 个月，频率为 2.5%。驻马店持续干旱时间为 2 个月、3 个月、4 个月时分别出现 23 次、11 次、2 次。

对春夏秋冬各个季节的干旱情况分别进行统计，具体情况如下：

1）春旱（3—5 月）。驻马店春季发生干旱的频率为 24.0%，其中发生轻旱的频率为 12.6%；发生中旱的频率为 3.3%；发生重旱的频率为 3.3%；发生特旱频率为 4.9%。

2）夏旱（6—8 月）。驻马店夏季发生干旱的频率为 32.8%，其中发生轻旱的频率为 15.8%，发生中旱的频率为 8.7%，发生重旱的频率为 6.6%，发生特旱的频率为 1.6%。

3）秋旱（9—11 月）。驻马店秋旱发生的频率为 34.4%，其中发生轻旱的频率为 19.7%，发生中旱的频率为 9.8%，发生重旱的频率为 3.3%，发生特旱的频率为 1.6%。

4）冬旱（12 月至次年 2 月）。驻马店冬季发生干旱的频率为 27.9%，其中发生轻旱的频率为 12.0%；发生中旱的频率为 11.0%，发生重旱的频率为 3.3%，发生特旱的频率为 1.6%，其中只有 2 月份发生过特旱。

根据 $SPEI$ - 1 对驻马店干旱情况进行分析：驻马店发生干旱频率为 33.5%，其中发生轻旱的频率为 16.3%；发生中旱的频率为 11.2%；发生重旱频率为 4.8%，发生特旱的频率为 1.2%。

对春夏秋冬各个季节的干旱情况分别进行统计，具体情况如下：

1）春旱（3—5 月）。驻马店春季发生干旱的频率为 29.0%，其中发生轻旱的频率为 14.8%；发生中旱的频率为 5.5%；发生重旱的频率为 4.9%；发生特旱频率为 3.8%。

2）夏旱（6—8 月）。驻马店夏季发生干旱的频率为 35.5%，其中发生轻旱的频率为 18.0%，发生中旱的频率为 10.9%，发生重旱的频率为 6.0%，发生特旱的频率为 0.5%。

3）秋旱（9—11 月）。驻马店秋季发生干旱的频率为 36.6%，其中发生轻旱的频率为 19.1%，发生中旱的频率为 12.6%，发生重旱的频率为 4.4%，发生特旱的频率为 0.5%。

4）冬旱（12 月至次年 2 月）。驻马店冬季发生干旱的频率为 32.8%，其中发生轻旱的频率为 13.1%，发生中旱的频率为 15.8%，发生重旱的频率为 3.8%，未发生特旱。

4. 安阳干旱规律分析

（1）安阳年降水量趋势性与突变性分析。安阳 1955—2018 年，年降水量如图 5-24 所示。安阳年降水量最大值为 1963 年 1180.0mm，最低值为 270.6mm，平均降水量为 580.0mm，极差为 909.4mm。总体而言自 1965 年开始年降水量比 65 年前有着明显下降，65 年前年降水平均值为 743.5mm，65 年后年降水平均值为 549.75mm。对安阳年降水量进行趋势检验，MK 检验中 $Z=-0.944$，说明安阳 1955—2018 年年降水量整体呈下降趋势，但未通过置信度为 90% 的显著性检验，趋势性不显著。

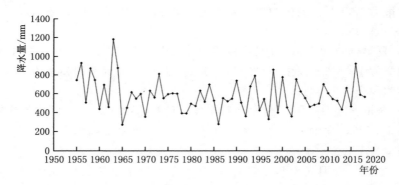

图 5-24　安阳市 1955—2018 年年降水量年值

对安阳年平均降水量做突变性检验，滑动 T 检验取子序列的长度 $n_1=n_2=5$，MK 检验与滑动 T 检验如图 5-25、图 5-26 所示。MK 检验中，突变点分别为 1957 年、1958 年、1960 年、2016 年和 2017 年。滑动 T 检验中，突变点分别为 1976 年、1977 年。两种方法判断的突变点未有重合。滑动 T 检验，当 $n_1=n_2=5$ 时，统计量 t 只能计算到 2013 年，所以 2016 年、2017 年为可疑突变点，不能确定是否为真实突变点。

（2）安阳年平均温度趋势性与突变性分析。安阳 1955—2018 年年平均温度如图 5-27 所示，对此做 MK 趋势检验，$Z=4.1077$，通过了置信度为 99% 的显著性检验，年平均温度有上升趋势，趋势性显著。

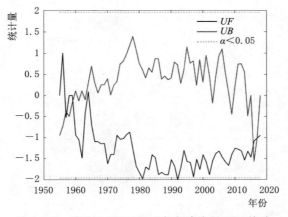

图 5-25 安阳 1955—2018 年年降水量 MK 检验

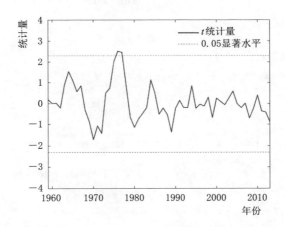

图 5-26 安阳 1955—2018 年年降水量滑动 T 检验

对安阳 1955—2018 年年平均温度做突变性检验，滑动 T 检验取子序列的长度 $n_1 = n_2 = 5$，MK 检验与滑动 T 检验如图 5-28、图 5-29 所示。MK 检验中，突变点分别为 1982 年、1984 年、1986 年。滑动 T 检验中，突变点分别为 1993 年、1996 年、2000 年、2001 年、2002 年、2011 年、2012 年和 2013 年。两种方法判断的突变点未有重合。

选取每年 12 月份的 SPI-12、$SPEI$-12 对驻马店年尺度的干旱情况进行分析，SPI、$SPEI$ 指数如图 5-30 所示。

应用 SPI-12 对安阳干旱情况进行划分，1955—2018 年共 64 年安阳市干旱情况分别为轻旱 10 次，频率为 15.6%；中旱 5 次，频率为 7.8%；重旱 2 次，频率为 3.1%；特旱 2 次，频率为 3.1%，总计为 19 次，频率为 29.7%。

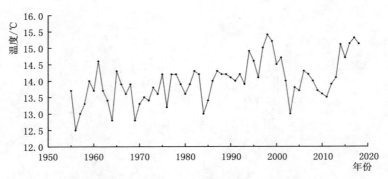

图 5 - 27　安阳 1955—2018 年年平均温度

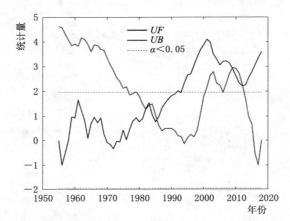

图 5 - 28　安阳 1955—2018 年年平均温度 MK 检验

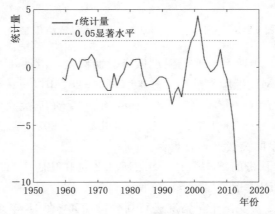

图 5 - 29　安阳 1955—2018 年年平均温度滑动 T 检验

应用 $SPEI-12$ 对安阳干旱情况进行划分，1955—2018 年共 64 年安阳市

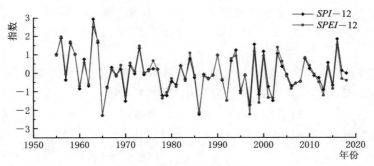

图 5-30 安阳 1955—2018 年 SPI-12 与 SPEI-12 对比图

干旱情况分别为轻旱 7 次，频率为 10.9%；中旱 8 次，频率为 12.5%；重旱 4 次，频率为 1.6%；特旱 1 次，频率为 4.7%。安阳市以年为时间尺度的气象干旱总计为 19 次，频率为 29.7%。

（3）安阳月尺度干旱规律分析。时间尺度为 1 个月，根据 SPI-1 指数划分，安阳在 1955—2018 年中 768 个月中，1—12 月发生干旱的月份数量分别为 20 个月、24 个月、19 个月、19 个月、17 个月、22 个月、19 个月、21 个月、16 个月、22 个月、21 个月、21 个月，每个月发生干旱的频率较为相似。768 个月中共有 241 个月发生干旱，干旱频率为 31.4% 其中发生轻旱的有 137 个月，频率为 17.8%；发生中旱的有 64 个月，频率为 8.3%；发生重旱的有 32 个月，频率为 4.2%，发生特旱的有 8 个月，频率为 1.0%。持续 2 个月的干旱有 9 次，持续 3 个月的干旱有 11 次，持续 4 个月的干旱有 2 次，持续 6 个月的干旱有 1 次。

对春夏秋冬各个季节的干旱情况分别进行统计，具体情况如下：

1）春旱（3—5 月）。在 1955—2018 年 64 年中，安阳的春季干旱频率为 28.6%，其中发生轻旱的频率为 12.0%；发生中旱的频率为 8.3%；发生重旱的频率为 7.3%；发生特旱频率为 1.0%，两次特旱都发生于 5 月。3 月、4 月、5 月发生干旱的频率相差不大，特旱发生两次，皆发生于 5 月。

2）夏旱（6—8 月）。安阳夏季干旱发生频率为 32.3%，其中发生轻旱的频率为 17.7%，发生中旱的频率为 7.8%，发生重旱的频率为 4.7%，发生特旱的频率为 2%。其中 6 月、7 月、8 月发生干旱的次数分别为 22 个月、19 个月、21 个月，重旱多发生于 7 月、8 月，特旱总共发生 4 次，7 月、8 月各发生一次，6 月发生 2 次。

3）秋旱（9—11 月）。安阳发生秋旱的频率为 30.1%，其中发生轻旱的频率为 13.5%，发生中旱的频率为 11.4%，发生重旱的频率为 4.7%，发生特旱的频率为 1%。9 月发生干旱的概率小于 10 月、11 月，且未发生重旱，但秋季发生的 2 次特旱，皆发生于 9 月。

4）冬旱（12 月至次年 2 月）。安阳发生冬旱的频率为 33.9%，其中发生轻旱的概率为 28.1%，发生中旱的概率为 5.7%，未发生重旱与特旱。12 月至次年 2 月，3 个月中只有 2 月发生了重旱，2 月发生轻旱和中旱的频率分别为 6.7% 和 5.7%。

根据 $SPEI-1$ 对安阳干旱情况进行分析：安阳发生干旱频率为 36.7%，其中发生轻旱的频率为 19.4%；发生中旱的频率为 11.5%；发生重旱频率为 4.8%，发生特旱的频率为 1.0%。

对春夏秋冬各个季节的干旱情况分别进行统计，具体情况如下：

1）春旱（3—5 月）。安阳春季发生干旱频率为 32.3%，其中发生轻旱的频率为 12.5%；发生中旱的频率为 12.5%；发生重旱的频率为 6.3%；发生特旱频率为 1.0%。

2）夏旱（6—8 月）。安阳夏季发生干旱频率为 35.9%，其中发生轻旱的频率为 17.7%，发生中旱的频率为 11.5%，发生重旱的频率为 5.7%，发生特旱的频率为 1.0%。

3）秋旱（9—11 月）。安阳秋季发生干旱的频率为 34.4%，其中发生轻旱的频率为 15.6%，发生中旱的频率为 14.6%，发生重旱的频率为 3.1%，发生特旱的频率为 1.0%。

4）冬旱（12 月至次年 2 月）。安阳冬季发生干旱的频率为 44.3%，其中发生轻旱的频率为 31.8%，发生中旱的概率为 7.3%，发生重旱的频率为 4.2%，发生特旱的频率为 1.0%。

5. 孟津干旱规律分析

（1）孟津年降水量趋势性与突变性分析。孟津 1960—2018 年年降水量如图 5-31 所示。孟津 1960—2018 年年降水量最大值为 1041mm，最小值为 267.9mm，平均值为 618.3mm，极差为 773.1mm，标准差为 147.1mm。2005—2018 年，14 年中只有 3 年的降水量超过了平均值。对孟津年年降水量进行趋势检验，MK 检验中 $Z=-0.606$，说明安阳 1960—2018 年降水量整体呈下降趋势，但未通过置信度为 90% 显著性检验，趋势性不显著。

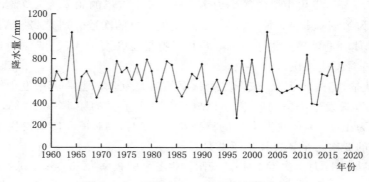

　　　　　　　　图 5-31　孟津 1960—2018 年年降水量

对孟津年平均降水量做突变性检验，滑动 T 检验取子序列的长度 $n_1 =$
$n_2 = 5$，MK 检验与滑动 T 检验如图 5-32、图 5-33 所示。MK 检验中，突变
点分别为 1991 年和 1998 年。

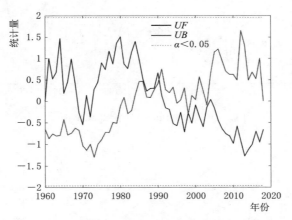

图 5-32　孟津 1960—2018 年年降水量 MK 检验

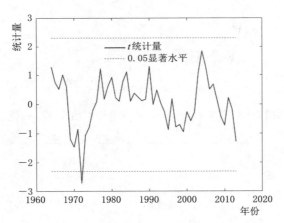

图 5-33　孟津 1960—2018 年年降水量滑动 T 检验

滑动 T 检验中，突变点为 1972 年。两种方法判断的突变点未有重合。

（2）孟津年平均温度趋势性与突变性分析。孟津 1960—2018 年年平均温
度如图 5-34 所示，对此做 MK 趋势检验，$Z = 4.8327$，通过了置信度为 99%
的显著性检验，年平均温度有上升趋势，趋势性显著。

对孟津 1956—2018 年年平均温度做突变性检验，滑动 T 检验取子序列的长
度 $n_1 = n_2 = 5$，MK 检验与滑动 T 检验如图 5-35、图 5-36 所示。MK 检验中，
突变点为 2006 年。滑动 T 检验中，突变点分别为 1964 年、1993 年、2006 年、
2012 年、2013 年。可以确定孟津年平均温度在 2006 年左右发生突变。

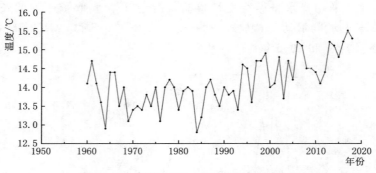

图 5-34　孟津 1960—2018 年年平均温度

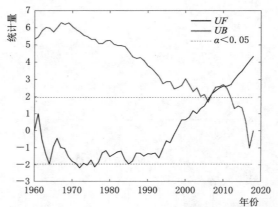

图 5-35　孟津 1960—2018 年年平均温度 MK 检验

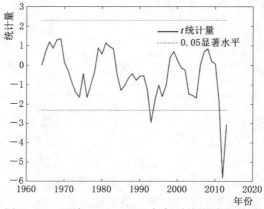

图 5-36　孟津 1960—2018 年年平均滑动 T 检验

（3）孟津年尺度干旱规律分析。选取每年 12 月份的 $SPI-12$、$SPEI-12$ 对孟津年尺度的干旱情况进行分析，SPI、$SPEI$ 指数如图 5-37 所示。

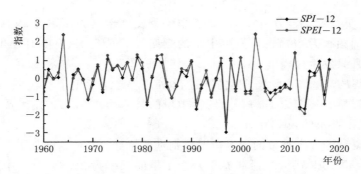

图 5-37　孟津 1960—2018 年 SPI-12 与 $SPEI$-12 对比图

根据每年 12 月份 SPI-12 对孟津干旱进行划分，1960—2018 年 59 年中，孟津共发生 13 次轻旱，频率为 23.1%；中旱 3 次，频率为 5.1%；重旱 4 次，频率为 6.8%；特旱 1 次，频率为 1.7%，总计发生 19 次干旱，频率为 31.1%。

根据每年 12 月份 $SPEI$-12 对孟津干旱进行划分，1960—2018 年 59 年中，孟津共发生 9 次轻旱，频率为 15.2%；中旱 7 次，频率为 11.9%；重旱 3 次，频率为 5.1%；特旱 1 次，频率为 1.7%，总计发生 20 次干旱，频率为 33.9%。

（4）孟津月尺度干旱规律分析。以 SPI-1 对干旱进行划分，孟津在 1960—2018 年的 708 个月中，1—12 月发生干旱月份数量分别为 18 个月、15 个月、20 个月、19 个月、14 个月、19 个月、20 个月、17 个月、17 个月、20 个月、21 个月、19 个月。708 个月中共有 219 个月发生干旱，干旱频率为 30.1%，其中发生轻旱的有 123 个月，频率为 17.4%；发生中旱的有 59 个月，频率为 8.3%；发生重旱的有 25 个月，频率为 3.5%，发生特旱的有 12 个月，频率为 1.7%。

对春夏秋冬各个季节的干旱情况分别进行统计，具体情况如下：

1）春旱（3—5 月）。孟津春季发生干旱的频率为 30.0%，其中发生轻旱的频率为 15.8%，发生中旱的频率为 8.0%，发生重旱的频率为 4.0%，发生特旱频率为 2.3%。

2）夏旱（6—8 月）。孟津夏季发生干旱的频率为 31.6%，其中发生轻旱的频率为 13.6%，发生中旱的频率为 10.2%，发生重旱的频率为 4.5%，发生特旱的频率为 3.4%。

3）秋旱（9—11 月）。孟津秋旱发生的频率为 32.8%，其中发生轻旱的频率为 16.4%，发生中旱的频率为 9.6%，发生重旱的频率为 5.6%，发生特旱的频率为 1.1%。

4）冬旱（12 月至次年 2 月）。孟津冬季发生干旱的频率为 29.4%，其中发生轻旱的频率为 23.7%，发生中旱的频率为 5.6%。只有 2 月发生了中旱，12 月、1 月只发生过轻旱。

根据 $SPEI-1$ 对孟津干旱情况进行划分，孟津发生干旱频率为 34.3%，其中发生轻旱的频率为 15.7%，发生中旱的频率为 12.7%，发生重旱频率为 5.2%，发生特旱的频率为 0.7%。

对春夏秋冬各个季节的干旱情况分别进行统计，具体情况如下：

1）春旱（3—5 月）。孟津春季发生干旱的频率为 33.3%，其中发生轻旱的频率为 13.6%，发生中旱的频率为 12.4%，发生重旱的频率为 7.3%；未发生特旱。

2）夏旱（6—8 月）。孟津夏季发生干旱的频率为 33.3%，其中发生轻旱的频率为 11.3%，发生中旱的频率为 15.8%，发生重旱的频率为 6.2%，未发生特旱。

3）秋旱（9—11 月）。孟津秋季发生干旱的频率为 35.6%，其中发生轻旱的频率为 17.5%，发生中旱的频率为 12.4%，发生重旱的频率为 5.1%，发生特旱的频率为 0.6%。

4）冬旱（12 月至次年 2 月）。孟津冬季发生干旱的频率为 35.0%，其中发生轻旱的频率为 20.3%，发生中旱的频率为 10.2%，发生重旱的频率为 2.3%，发生特旱的频率为 2.3%。

（三）河南省农业干旱规律

我们用 SPI、$SPEI$ 对各典型区进行干旱等级的划分，划分的标准是按照《气象干旱等级》（GB/T 20481—2017）划分的，此标准针对的是气象干旱，现如今国内 SPI、$SPEI$ 对农业干旱还未制定权威的划分标准。本书将根据 SPI、$SPEI$ 指数的计算原理与实际农业干旱情况来确定适用于河南省农业干旱的划分标准。

SPI 与 $SPEI$ 指数计算原理相同，根据研究发现，降水量符合 Γ 分布。SPI 指数是将降水数据对 Γ 分布进行拟合。拟合后，将其正态标准化。$SPEI$ 是将降水量与潜在蒸散量的差拟合为 $\log-logistic$ 分布，再转化为标准正态分布。

正态分布图如图 5-38 所示。

按《气象干旱等级》（GB/T 20481—2017）中规定的划分标准，即 $SPI<-0.5$、$SPEI<-0.5$ 时，发生气象干旱。查询正态分布表发现，$x=0.5$ 时，对应的值为 0.6915，那么 $x<-0.5$ 的概率应为 30.85%。这便是 $SPI<-0.5$ 时的理论干旱概率。

以 50 年的月值降水量计算 SPI 指数为例，12 个月份的降水序列是单独拟合

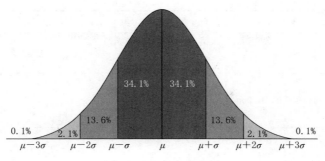

图 5 – 38　正态分布图

的。例如 1 月份 SPI – 1 值，是将每年 1 月份降水量共 50 个数据拟合为 Γ 分布后，转化为标准化正态分布。SPI 值代表这个月降水量在 1 月份降水水平。假设此时 SPI 值得 1，查询正态分布表 $x<1$ 的概率为 84%，那么代表着这个月的降水量处于 84% 这个水平，有 16% 的情况降水量比此时大，84% 情况比此时小。当时间尺度为 k 时，是用这个月与前 $k-1$ 个月降水量的和来拟合 Γ 分布的。例如计算 5 月份 SPI – 3 的值是用每年 3、4、5 月降水量的和来拟合 Γ 分布的，此时代表了 3、4、5 这三个月总体的降水水平。$SPEI$ 与 SPI 类似，只不过 SPI 拟合的是降水分布，$SPEI$ 拟合的是降水量与蒸发量之间的差的分布。

以河南省 1992—2010 年实际旱情对 $SPEI$、SPI 划分结果进行验证，研究发现 $SPEI$ 识别农业干旱能力强于 SPI，且针对不同的地区，应采用不同划分标准、不同时间尺度的 $SPEI$ 指数对农业干旱进行识别。河南农业干旱的等级程度与月份相关性较强，1 月、2 月、3 月、11 月、12 月几乎发生的都是轻旱，4 月、5 月、6 月、7 月、8 月、9 月发生的干旱几乎都是中旱和重旱。那么我们可以利用 $SPEI$ 指数对干旱的发生进行判断，再根据发生干旱的月份确定干旱程度。

下面以商丘为例，商丘 1 月、2 月、3 月、12 月发生干旱绝大多数情况都是轻旱，4—11 月发生干旱绝大多数情况都是中旱、重旱。$SPEI$ 对商丘农业干旱的识别情况见表 5 – 6，$SPEI$ 对干旱的识别正确率达到了 91.7%。

表 5 – 6　　　　　　　　　　$SPEI$ 对商丘农业干旱识别情况

月份	参　数	阈　值	实际干旱年份	多　　报	漏报
1	$SPEI$ – 3	<-1	1996 年	1999 年	
2	$SPEI$ – 3	<-0.5	1992 年、1996 年、1999 年、2009 年	2004 年、1994 年	
3	$SPEI$ – 3	<-0.8	1994 年、1996 年、2000 年	2004 年	

续表

月份	参　数	阈　值	实际干旱年份	多　报	漏报
4	SPEI-1	<-0.5	1995 年、1996 年、2000 年、2006 年、2007 年	1997 年、2004 年、2005 年	1996 年
5	SPEI-1	<-0.5	1994 年、1995 年、1996 年、2000 年、2001 年、2006 年、2007 年		2006 年
6	SPEI-1	<-0.2	1992 年、1993 年、1995 年、1996 年、2001 年	2008 年	1996 年
7	SPEI-1	<-1	1993 年、1995 年		1995 年
8	SPEI-3	<-1	1993 年、1997 年		
9	SPEI-2	<-0.7	1993 年、1997 年、2001 年	1994 年	
10	SPEI-3	<-0.7	1991 年、1993 年、1994 年	1997 年、1998 年、2002 年	
11	SPEI-3	<-1		1998 年、2007 年	
12	SPEI-3	<-1		2008 年	

根据 1992—2010 年河南农业干旱情况，确定了许昌与驻马店 SPEI 阈值，许昌与驻马店在 1 月、2 月、3 月、11 月、12 月通常发生轻旱，4—10 月发生中旱与重旱。SPEI 对许昌、驻马店的干旱识别正确率分别为 91.7% 与 91.2%，见表 5-7 和表 5-8。

表 5-7　　　　　　　　　　SPEI 对许昌农业干旱识别情况

月份	参　数	阈　值	实际干旱年份	多　报	漏报
1	SPEI-3	<-1	1996 年	1999 年	
2	SPEI-3	<-0.5	1992 年、1996 年、1999 年、2009 年	2004 年、1994 年	
3	SPEI-3	<-0.8	1994 年、1996 年、2000 年	2004 年	
4	SPEI-1	<-0.5	1995 年、1996 年、2000 年、2006 年、2007 年	1997 年、2004 年、2005 年	1996 年
5	SPEI-1	<-0.5	1994 年、1995 年、1996 年、2000 年、2001 年、2006 年、2007 年		2006 年
6	SPEI-1	<-0.2	1992 年、1993 年、1995 年、1996 年、2001 年	2008 年	1996 年

续表

月份	参 数	阈 值	实际干旱年份	多 报	漏报
7	SPEI-1	<-1	1993年、1995年		1995年
8	SPEI-3	<-1	1993年、1997年		
9	SPEI-2	-0.7	1993年、1997年、2001年	1994年	
10	SPEI-3	<-0.7	1991年、1993年、1994年	1997年、1998年、2002年	
11	SPEI-3	<-1		1998年、2007年	
12	SPEI-3	<-1		2008年	

表 5-8   **SPEI 对驻马店农业干旱识别情况**

月份	参 数	阈 值	实际干旱年份	多 报	漏报
1	SPEI-3	<-1	2009年	1996年、1999年	
2	SPI-3	<-0.9	1999年、2009年	1996年	
3	SPEI-3	<-0.7	1996年、1999年、2000年	1995年、2002年	
4	SPEI-3	<-0.8	1993年、1995年、1996年、2000年	2004年	1993年
5	SPEI-1	<-0.5	1992年、1994年、1995年、1996年、2000年	2001年	
6	SPEI-2	<-1	1992年、1994年、1995年、1997年、2004年		2004年
7	SPEI-1	<-0.7	1993年、1994年、1997年、2001年	1999年、2009年	
8	SPEI-1	<-0.8	1992年、1994年、1997年、1999年	2001年、2002年	
9	SPEI-2	<-1	1992年、1997年、2001年	2002年	
10	SPEI-3	<-1	1993年、1997年、2001年	2002年、2007年	
11	SPEI-2	<-1	1998年	2010年	
12	SPEI-3	<-1	1992年、2008年	1998年、2010年	1992年

  安阳与孟津在1992—2010年中未发生农业干旱，根据商丘、许昌、驻马店总结出的规律，1月、2月、3月、10月、11月、12月适用 SPEI-3，4月、5月、6月、7月、8月适用 SPEI-1，9月适用 SPEI-2。拟采用的 SPEI 划分农业干旱标准见表5-9和表5-10。

表 5 - 9 安阳 *SPEI* 干旱划分标准

月份	参 数	阈 值	多 报
1	*SPEI* - 3	<-1.2	1996 年
2	*SPEI* - 3	<-1.2	1994 年、1999 年
3	*SPEI* - 3	<-1.2	2002 年、2004 年
4	*SPEI* - 1	<-1.2	1992 年、2005 年
5	*SPEI* - 1	<-1.2	2000 年、2001 年
6	*SPEI* - 1	<-1.2	1997 年
7	*SPEI* - 1	<-1.2	1992 年、1997 年
8	*SPEI* - 1	<-1.2	1997 年、2008 年
9	*SPEI* - 2	<-1.2	1994 年、2001 年
10	*SPEI* - 3	<-1.2	1997 年、2008 年
11	*SPEI* - 3	<-1.2	1998 年
12	*SPEI* - 3	<-1.2	1998 年、2008 年

表 5 - 10 孟津 *SPEI* 干旱划分标准

月份	参 数	阈 值	多 报
1	*SPEI* - 3	<-1.2	1996 年、2009 年
2	*SPEI* - 3	<-1.2	1992 年、1995 年
3	*SPEI* - 3	<-1.2	2000 年、2002 年、2004 年
4	*SPEI* - 1	<-1.2	2004 年、2005 年
5	*SPEI* - 1	<-1.2	1994 年、2000 年、2001 年
6	*SPEI* - 1	<-1.2	1997 年、2009 年
7	*SPEI* - 1	<-1.2	1997 年
8	*SPEI* - 1	<-1.2	1994 年、1997 年
9	*SPEI* - 2	<-1.2	1994 年、2001 年
10	*SPEI* - 3	<-1.2	1994 年、1997 年
11	*SPEI* - 3	<-1.2	1998 年、2007 年
12	*SPEI* - 3	<-1.2	2010 年

以五个典型代表区分别代表河南豫东、豫中、豫南、豫北、豫西地区。研究发现河南全省降水差异性较大，豫南地区降水最为丰富，豫中、豫东次之、豫北、豫西最少。但从农业干旱的发生频率来看，豫西、豫北的农业干旱情况

好于豫东、豫南、豫北地区，这可能是跟地区种植结构与灌溉能力有关。

河南全省温度有显著上升趋势，豫东地区于 1993 年左右发生突变，豫南地区于 1996 年左右发生突变，豫西地区于 2006 年左右发生突变。

河南干旱的等级强度与月份相关性较强，1 月、2 月、3 月、11 月、12 月通常发生轻旱，4 月、5 月、6 月、7 月、8 月、9 月通常发生中旱和重旱。$SPEI$ 指数对河南农业干旱的识别能力较强，通常正确率可以达到 90％以上。

五、基于动态神经网络的农业干旱预测

（一）商丘农业干旱预测

1．商丘降水量预测

数据选取商丘 1954—2010 年降水月值资料，训练数据、验证数据和测试数据的比例为 70％、15％和 15％。

运用试错法选择模型参数，选取隐含层神经元数为 8，延迟步数为 36，训练方法为 L－M 法。

商丘 NAR 神经网络的模型误差如图 5－39 所示，看出模型对极端降水的预测能力较差。经过多次试验发现，当模型对训练数据中的极端降水情况模拟较好时，模型往往会产生过度拟合。

模型的残差自相关如图 5－40 所示，在 95％的置信区间内无相关关系。

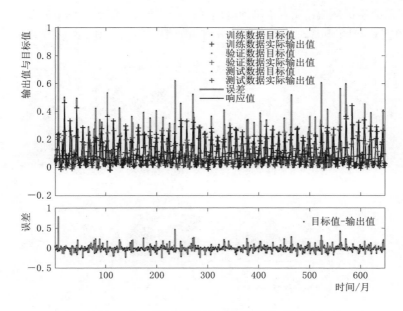

图 5－39　商丘降水量月值预测模型误差图

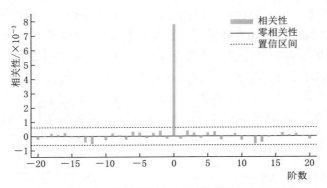

图 5-40　商丘降水量月值预测模型残差自相关图

　　构建好模型后，运用模型对 2011—2018 年 96 个月的降水月值进行预测，预测时要将 NAR 神经网络从开环模式转为闭环模式。开环模式的 NAR 神经网络是用数据中的真实值作为网络的输入值，输入值经过隐含层，输出层后得出网络计算的预测值。而在闭环模式中，网络的输入是之前网络计算得到的预测值。以本文中的模型为例，我们用构建的模型预测 2011—2018 年的降水月值，模型的延时步数为 36。如果模型要预测 2012 年 12 月的降水量，那模型所需的输入值为 2012 年 12 月之前的 36 个月的降水量数值，但我们所知的降水量真实值只有 2010 年 1 月至 2011 年 12 月共 25 个月，剩下的 2012 年 1 月至 2012 年 11 月共 11 个月的值输入值便是由神经网络预测得出的。因此，在闭环模式中，NAR 网络用预测值来预测值，误差会累积叠加，随着预测的时期越长，网络的预测误差也会加大。

　　开环模式与闭环模式的 NAR 网络结构如图 5-41、图 5-42 所示。

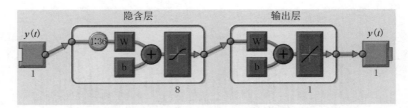

图 5-41　开环模式 NAR 网络结构图

图 5-42　闭环模式 NAR 网络结构图

应用训练好的网络对商丘 2011—2018 年的降水量月值进行预测,预测结果如图 5 - 43 所示。

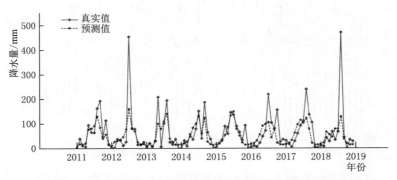

图 5 - 43 商丘 2011—2018 年降水量月值真实值与预测值对比图

从图 5 - 43 中得出,网络模型为了整体的预测值达到最优,忽略了极端降水的情况。因此,模型的极端降水预测情况能力较差。

2. 商丘温度预测

构建模型的数据选取商丘 1954—2010 年月平均温度,训练数据、验证数据和测试数据的比例为 70%、15% 和 15%。

运用试错法选择模型参数,选取隐含层神经元数为 6,延迟步数为 24,训练方法为 L - M 法。

构建模型误差图与残差自相关图如图 5 - 44、图 5 - 45 所示,模型残差在 95% 置信区间无相关性。

运用模型,对商丘 2011—2018 的月平均温度进行预测,商丘 2011—2018 年月平均温度真实值与预测值对比如图 5 - 46 所示。

3. 商丘 SPEI 指数预测结果

预测数据计算 SPEI 指数与真实数据计算的 SPEI 指数进行对比,以《气象干旱等级》(GB/T 20481—2017)(表 5 - 11)中规定的划分标准划分干旱,预测的结果见表 5 - 11。

表 5 - 11   商丘 2011—2018 年 SPEI 预测值与真实值划分干旱的正确率

年　　份	2011 年	2012 年	2013 年	2014 年	2015 年	2016 年	2017 年	2018 年
SPI - 1 正确率/%	91.7	91.7	83.3	75	66.7	58.3	58.7	66.7
SPI - 2 正确率/%	91.7	83.3	75	75	66.7	66.7	50	66.7
SPI - 3 正确率/%	91.7	91.7	75	75	75	58.3	66.7	75
SPI - 6 正确率/%	83.3	83.3	66.7	66.7	75	75	75	66.7

農業干旱風險分析理論與實踐

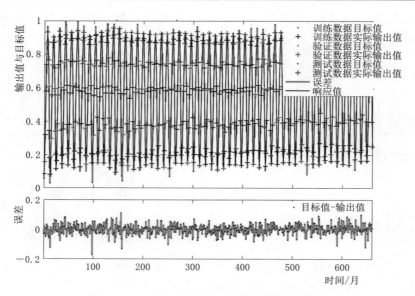

図 5-44　商丘月平均温度預測模型誤差図

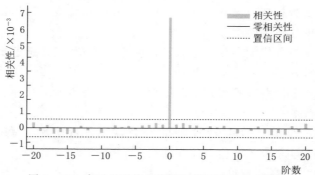

図 5-45　商丘月平均温度預測模型残差自相関図

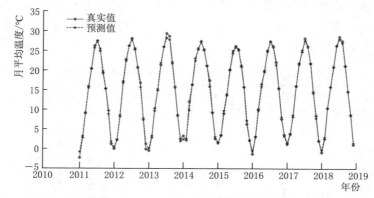

図 5-46　商丘 2011—2018 年月平均温度真実値與預測値対比図

（二）许昌农业干旱预测

1. 许昌降水量预测

构建模型的数据选取许昌 1953—2010 年降水月值资料，共 696 个月，其中训练数据、验证数据和测试数据的比例为 70％、15％ 和 15％。

运用试错法选择模型参数，选取隐含层神经元数为 6，延迟步数为 24，训练方法为贝叶斯正规化法。

构建模型误差图与残差自相关图如图 5-47、图 5-48 所示，模型残差在 95％ 置信区间无相关性。

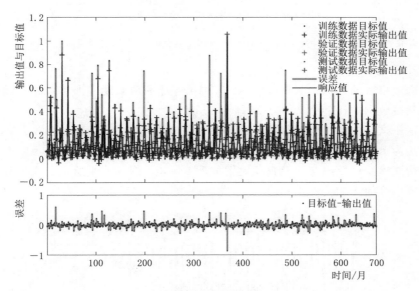

图 5-47 许昌降水量月值预测模型误差图

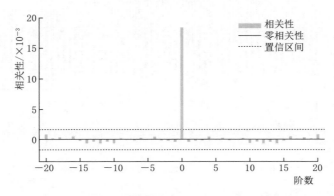

图 5-48 许昌降水量月值预测模型残差自相关图

运用模型，对许昌 2011—2018 年的降水量月值进行预测，许昌 2011—2018 年降水量月值真实值与预测值对比如图 5-49 所示。

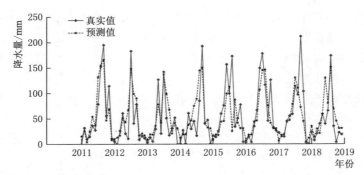

图 5-49　许昌 2011—2018 年降水量月值真实值与预测值对比图

2. 许昌温度预测

构建模型的数据选取许昌 1954—2010 年月平均温度，训练数据、验证数据和测试数据的比例为 70％、15％ 和 15％。

运用试错法选择模型参数，选取隐含层神经元数为 8，延迟步数为 24，训练方法为 L-M 法。

构建模型误差图与残差自相关图如图 5-50、图 5-51 所示，模型残差在 95％ 置信区间无相关性。

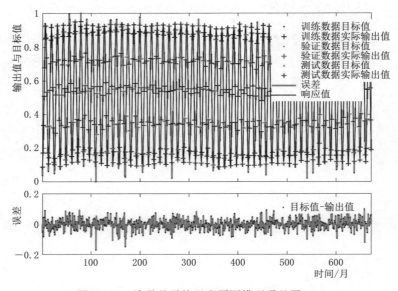

图 5-50　许昌月平均温度预测模型误差图

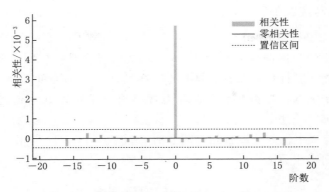

图 5-51　许昌月平均温度预测模型残差自相关图

运用模型，对许昌 2011—2018 年的月平均温度进行预测，许昌 2011—2018 年月平均温度真实值与预测值对比如图 5-52 所示。

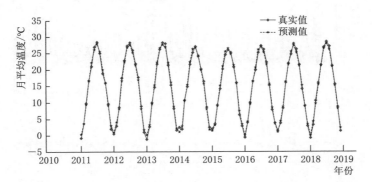

图 5-52　许昌 2011—2018 年月平均温度真实值与预测值对比图

3. 许昌 SPEI 指数预测结果

预测数据计算 SPEI 指数与真实数据计算的 SPEI 指数进行对比，以《气象干旱等级》（GB/T 20481—2017）中规定的划分标准划分干旱，预测的结果见表 5-12。

表 5-12　许昌 2011—2018 年 SPEI 预测值与真实值划分干旱的正确率

年　份	2011 年	2012 年	2013 年	2014 年	2015 年	2016 年	2017 年	2018 年
SPI-1 正确率/%	91.7	91.7	83.3	66.7	66.7	58.3	58.3	58.3
SPI-2 正确率/%	91.7	91.7	83.3	75	58.3	66.7	66.7	66.7
SPI-3 正确率/%	83.3	83.3	75	66.7	66.7	66.7	58.3	58.3
SPI-6 正确率/%	91.7	83.3	75	75	58.3	66.7	66.7	58.3

（三）驻马店农业干旱预测

1. 驻马店降水量预测

构建模型的数据选取驻马店 1958—2010 年降水月值资料，共 636 个月，其中训练数据、验证数据和测试数据的比例为 70％、15％和 15％。

运用试错法选择模型参数，选取隐含层神经元数为 10，延迟步数为 36，训练方法为 L－M 法。

构建模型误差图与残差自相关图如图 5－53、图 5－54 所示，模型残差在 95％置信区间无相关性。

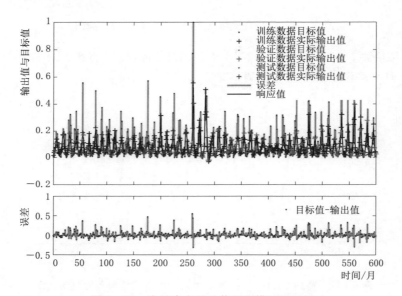

图 5－53　许昌降水量月值预测模型误差图

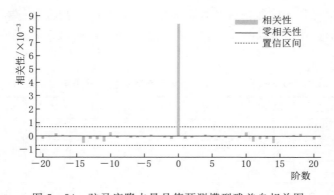

图 5－54　驻马店降水量月值预测模型残差自相关图

运用模型，对驻马店 2011—2018 年的降水量月值进行预测，驻马店 2011—2018 年降水量月值真实值与预测值对比如图 5-55 所示。

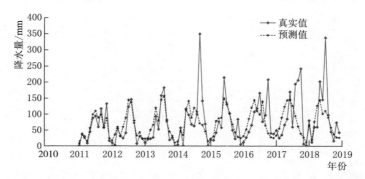

图 5-55　驻马店 2011—2018 年降水量月值真实值与预测值对比图

2. 驻马店温度预测

构建模型的数据选取驻马店 1958—2010 年月平均温度，训练数据、验证数据和测试数据的比例为 70%、15% 和 15%。

运用试错法选择模型参数，选取隐含层神经元数为 8，延迟步数为 24，训练方法为 L-M 法。

构建模型误差图与残差自相关图如图 5-56、图 5-57 所示，模型残差在 95% 置信区间无相关性。

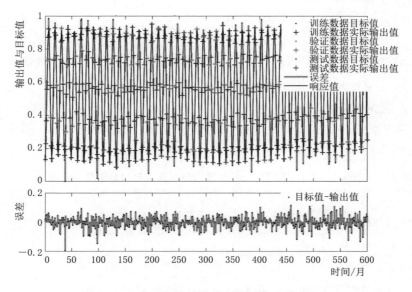

图 5-56　驻马店月平均温度预测模型误差图

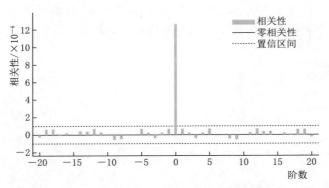

图 5-57　驻马店月平均温度预测模型残差自相关图

运用模型，对驻马店 2011—2018 年的月平均温度进行预测，驻马店 2011—2018 年月平均温度真实值与预测值对比如图 5-58 所示。

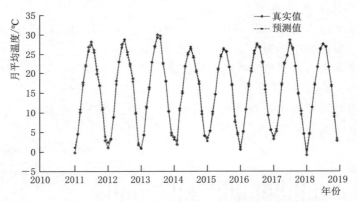

图 5-58　驻马店 2011—2018 年月平均温度真实值与预测值对比图

3. 驻马店 SPEI 指数预测结果

预测数据计算 SPEI 指数与真实数据计算的 SPEI 指数进行对比，以《气象干旱等级》（GB/T 20481—2017）中规定的划分标准划分干旱，预测的结果见表 5-13。

表 5-13　驻马店 2011—2018 年 SPEI 预测值与真实值划分干旱的正确率

年　份	2011 年	2012 年	2013 年	2014 年	2015 年	2016 年	2017 年	2018 年
SPEI-1 正确率/%	91.7	91.7	83.3	75	66.7	58.3	58.3	50
SPEI-2 正确率/%	91.7	83.3	83.3	75	58.3	66.7	50	50
SPEI-3 正确率/%	83.3	83.3	83.3	66.7	66.7	66.7	58.3	58.3
SPEI-6 正确率/%	91.7	83.3	75	66.7	58.3	66.7	50%	58.3

（四）安阳农业干旱预测

1. 安阳降水量预测

构建模型的数据选取安阳 1955—2010 年降水月值资料，共 672 个月，其中训练数据、验证数据和测试数据的比例为 70％、15％和 15％。

运用试错法选择模型参数，选取隐含层神经元数为 10，延迟步数为 30，模型训练方法为量化共轭梯度法。

构建模型误差图与残差自相关图如图 5-59、图 5-60 所示，模型残差在 95％置信区间无相关性。

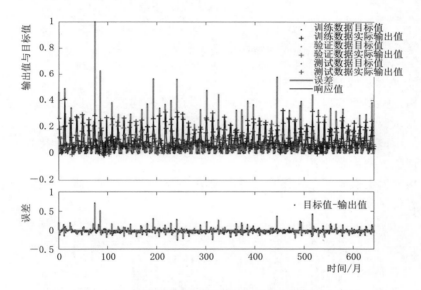

图 5-59 安阳降水量月值预测模型误差图

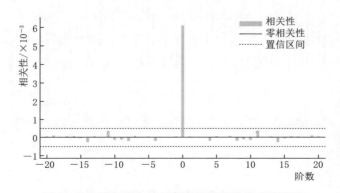

图 5-60 安阳降水量月值预测模型残差自相关图

运用模型，对安阳 2011—2018 年的降水量月值进行预测，驻马店 2011—2018 年降水量月值真实值与预测值对比如图 5-61 所示。

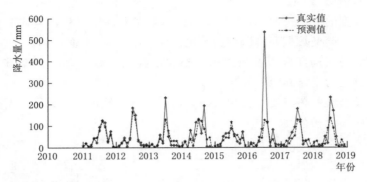

图 5-61　安阳 2011—2018 年降水量月值真实值与预测值对比图

2. 安阳温度预测

构建模型的数据选取安阳 1955—2010 年月平均温度，训练数据、验证数据和测试数据的比例为 70％、15％和 15％。

运用试错法选择模型参数，选取隐含层神经元数为 10，延迟步数为 30，模型训练方法为量化共轭梯度法。

构建模型误差图与残差自相关图如图 5-62、图 5-63 所示，模型残差在 95％置信区间无相关性。

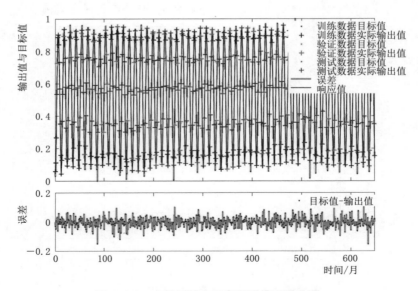

图 5-62　安阳月平均温度预测模型误差图

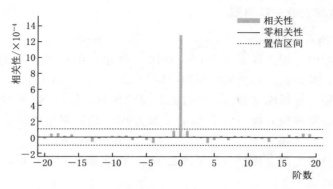

图 5-63　安阳月平均温度预测模型残差自相关图

运用模型，对安阳 2011—2018 的月平均温度进行预测，安阳 2011—2018 年月平均温度真实值与预测值对比如图 5-64 所示。

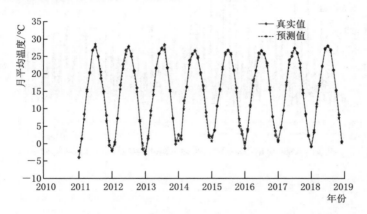

图 5-64　安阳 2011—2018 年月平均温度真实值与预测值对比图

3. 安阳 SPEI 指数预测结果

预测数据计算 SPEI 指数与真实数据计算的 SPEI 指数进行对比，以《气象干旱等级》（GB/T 20481—2017）中规定的划分标准划分干旱，预测的结果见表 5-14。

表 5-14　安阳 2011—2018 年 SPEI 预测值与真实值划分干旱的正确率

年　份	2011 年	2012 年	2013 年	2014 年	2015 年	2016 年	2017 年	2018 年
SPEI-1 正确率/%	91.7	91.7	83.3	75	66.7	58.3	58.3	50
SPEI-2 正确率/%	91.7	83.3	83.3	75	58.3	66.7	50	50
SPEI-3 正确率/%	83.3	83.3	83.3	66.7	66.7	66.7	58.3	58.3
SPI-6 正确率/%	75	83.3	75	66.7	58.3	66.7	50%	58.3

（五）孟津农业干旱预测

1. 孟津降水量预测

构建模型的数据选取孟津 1960—2010 年降水月值资料，共 612 个月，其中训练数据，验证数据和测试数据的比例为 70％、15％和 15％。

运用试错法选择模型参数，经过大量试验比对，许昌 NAR 神经网络的模型参数，隐含层神经元数为 10，延迟步数为 60，训练网络的算法为贝叶斯正规则化。

构建模型误差图与残差自相关图如图 5-65、图 5-66 所示，模型残差在 95％置信区间无相关性。

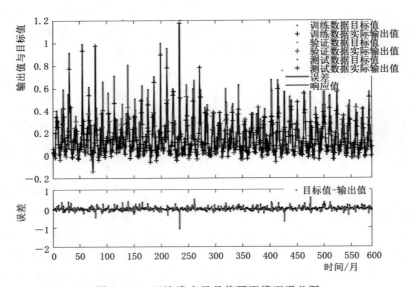

图 5-65　孟津降水量月值预测模型误差图

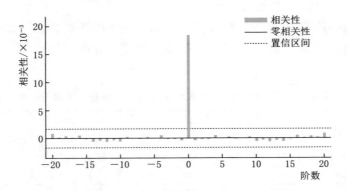

图 5-66　孟津降水量月值预测模型残差自相关图

运用模型，对孟津 2011—2018 年的降水量月值进行预测，孟津 2011—2018 年降水量月值真实值与预测值对比如图 5-67 所示。

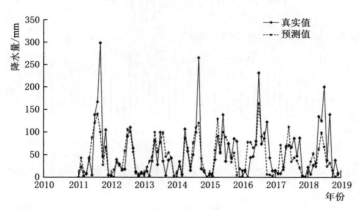

图 5-67 孟津 2011—2018 年降水量月值真实值与预测值对比图

2. 孟津温度预测

构建模型的数据选取孟津 1958—2010 年月平均温度，训练数据、验证数据和测试数据的比例为 70%、15% 和 15%。

运用试错法选择模型参数，选取隐含层神经元数为 8，延迟步数为 24，模型训练方法为量化共轭梯度法。

构建模型误差图与残差自相关图如图 5-68、图 5-69 所示，模型残差在 95% 置信区间无相关性。

安阳温度延迟步数 24。

运用模型，对安阳 2011—2018 的月平均温度进行预测，安阳 2011—2018 年月平均温度真实值与预测值对比如图 5-70 所示。

3. 孟津 SPEI 指数预测结果

预测数据计算 SPEI 指数与真实数据计算的 SPEI 指数进行对比，以《气象干旱等级》（GB/T 20481—2017）中规定的划分标准划分干旱，预测的结果见表 5-15。

表 5-15 孟津 2011—2018 年 SPEI 预测值与真实值划分干旱的正确率

年 份	2011 年	2012 年	2013 年	2014 年	2015 年	2016 年	2017 年	2018 年
SPEI-1 正确率/%	83.3	91.7	83.3	75	66.7	58.3	58.3	50
SPEI-2 正确率/%	91.7	83.3	83.3	75	58.3	66.7	50	50
SPEI-3 正确率/%	83.3	83.3	83.3	66.7	66.7	66.7	58.3	58.3
SPEI-6 正确率/%	83.3	83.3	75	66.7	58.3	66.7	50	58.3

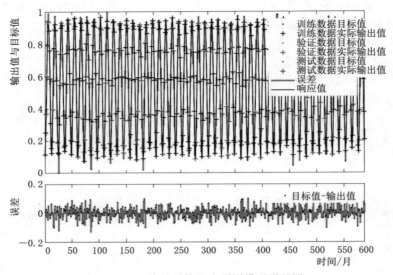

图 5-68 孟津月平均温度预测模型误差图

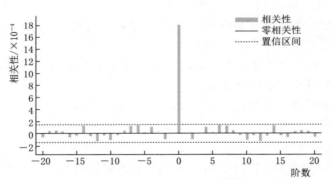

图 5-69 孟津月平均温度预测模型残差自相关图

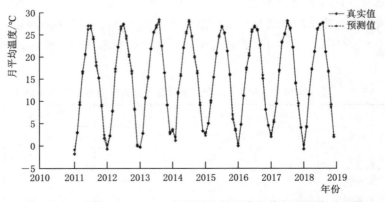

图 5-70 孟津 2011—2018 年月平均温度真实值与预测值对比图

以商丘、许昌、驻马店、安阳、孟津为豫东、豫中、豫南、豫北、豫西代表研究区，研究发现 NAR 神经网络对降水进行预测，整体效果相对理想，但对极端降水情况预测较差。随着预测期较长，模型的预测能力显著下降。

模型对月平均温度的预测能力较强，可以对平均温度进行长期预测。通过预测的降水与温度，计算出的 $SPEI$ 与真实值 $SPEI$ 进行对比，3 年内 $SPEI$ 指数精度较为理想。模型对预测期为 3 年内的河南省农业干旱提供较为准确的预测结果。

第六章　结论与展望

　　河南省位处中原腹地，是中国农业和粮食产量大省。一直以来，河南旱灾频繁发生。局部的旱灾几乎年年都有，大范围的大旱也时有发生，甚至出现了连续二三年、三四年的大旱，对农业生产影响很大。20世纪60年代后期以来，偏旱年份较多，农业、工业和城市建设都有较快的发展，需用水量增加，干旱的矛盾更为突出。尽管中华人民共和国成立以来，已经修建了大量的水利工程，在抗旱、灌溉、供水方面发挥了很大的作用，但是，干旱问题仍然十分严重。根据1950—1990年水利统计年鉴的统计资料可以看出，在这50年中年年都有旱灾发生，即使在大涝年份，也会有局部旱灾。本文以河南省五个典型市郑州、三门峡、南阳、商丘、新乡1963—2012年50年间的干旱情况作为研究对象，评估了河南省五个典型市基于四项干旱指标（降水距平百分率、标准化降水指数、相对湿润度指数、综合气象干旱指数）的干旱等级，分析了河南省五个典型市的干旱灾害区域性时空演变特点，利用描述统计和相关系数等统计方法耦合出最适宜指标对五市50年间的干旱情况作出时空特征与区域性特征两方面的研究，最后采用滑动T检验法检验出五市50年间的干旱变异跃变点和干旱变化周期，并用灰色预测模型对其未来50年的干旱趋势作出预测，在研究中得出了以下重要结论：

　　（1）在河南省五个典型市1963—2012年50年间四项干旱指标的干旱等级评估中，郑州市的标准化降水指数趋平，相对湿润度指数和CI指数呈轻微上升趋势，表明郑州市干旱情况在这50年间略微缓解，且缓解原因与温度有关。其余四个地区的四项干旱指标均呈现下降趋势，表明这四个地区1963—2012年50年间在大趋势上干旱频率升高，干旱强度增强，干旱加剧。

　　（2）在四项干旱指标的单指标耦合显著性检验中可以看出，四项干旱指标中，标准化降水指数（SPI）值明显偏高，相对湿润度指数（M）相对偏低，并在经过描述统计和相关系数分析筛选后将综合气象干旱指数（CI）选为最适宜指标，用于干旱成因规律分析、干旱过程变异点检测和干旱预测。

　　（3）郑州市在干旱分析与预测中的干旱指数都呈上升趋势，但其前期数据中出现了突出特异的数据点，怀疑可能为数据有误，需经过历史查证。若数据无误，则造成这种现象的原因可能是郑州市近年来工业化城市化大力发展导致的城市热岛效应与城市雨岛效应影响了该地区的降水和蒸散量，以至于影响了其干旱的发展。

（4）在河南省五个典型市 1963—2012 年的四项干旱指标描述统计中，其偏度均表明五市在 50 年间的后半期干旱有加快加剧的现象。在该五市的交叉相关系数比对中也发现，降水距平指数和综合气象干旱指数的相关系数最大的是商丘市，说明商丘市受人为致旱因素的影响最小。而在五个典型市中，降水距平指数和综合气象干旱指数的相关系数最小的是郑州市，也就说明郑州市的干旱情况受人为致旱因素影响最大。

（5）在区域性干旱规律研究分析中发现，1963—2012 年 50 年间五个典型市发生旱情最轻的是三门峡市，原因可能是其地处河南西部山丘地带，气候复杂，降水与蒸发都与其余四市所处的平原地区有所不同。发生旱情最为严重的是新乡市，造成严重旱情的原因可能是：①新乡市为豫北重镇，平原地带占了整个新乡地区的 78%，受温度和降水影响最大；②新乡市紧邻河南省会郑州，随着郑州的快速工业化城市化进程，郑州市内出现的城市热岛效应、城市雨岛效应以及雾霾等气候污染对新乡市的降水和水环境造成了影响，从而影响了新乡市的干旱情况。另外，21 世纪后，商丘市和南阳市的干旱加剧情况最为严峻，可能也与其工业发展影响了该地区的降水量与蒸发量有关。此外发现，新乡市的干旱情况受降水影响较大，而郑州市、三门峡市、南阳市则受温度和降水的影响较大。

（6）在河南省五个典型市 1963—2012 年 50 年间时空演变规律分析的数据中清楚地表现出：1963—2012 年 50 年间河南省五个典型市的综合气象干旱指数趋势除了郑州外总体下降，其中商丘地区下降最多。五市干旱情况呈规律的往复升降状况。20 世纪 70 年代与 90 年代干旱加剧，80 年代干旱减轻。进入21 世纪后，郑州、南阳干旱程度稍缓，三门峡、新乡、商丘干旱情况持续加重。河南省 1963—2012 年 50 年间的干旱情况呈现三种类型：第一种是以三门峡为代表的豫西地区，由于气候地形复杂，形成独立的小环境，50 年间的年代干旱情况较为平稳。第二种是以郑州、南阳为代表的中南部地区，干旱发展在 20 世纪 60 年代和 21 世纪后有所减缓。第三种是以新乡、商丘为代表的东北部地区，研究显示，此地区 21 世纪后干旱情况将持续加重，需要着重解决。

（7）在对河南省五个典型市 1963—2012 年综合气象干旱指数作滑动 T 检验的结果表示，河南省干旱质变转量变的周期为 20 年，其中三门峡和新乡跃变最强。

（8）河南省农业干旱研究选用冬小麦这一主要农作物为研究对象，观察其生长状态与干旱间的关系。根据观察数据计算得到 1993—2012 年冬小麦气象干旱指数并发现，河南省五个典型市的农业干旱近 20 年来也呈逐渐加重趋势，在冬小麦生长过程中，苗期与成熟期的降水对干旱的影响最大，需在这两个阶段注意做好灌溉补水和防涝工作。

（9）河南省五市 2013—2052 年 40 年的干旱灰色模型预测的结果为，郑州市在未来 40 年间的干旱趋势稍有减缓，其余四个地区干旱程度加剧，并且商丘市的加剧程度最大。

（10）对河南省农业干旱特征进行分析，河南省农业干旱季节性较强，干旱发生的频率高，受灾面积较大，且旱涝交错发生，持续时间长；区域性特征较明显，豫北的干旱频率明显大于豫南、豫东的干旱频率大于豫西。

（11）从致灾因子、孕灾环境、承灾体、防灾减灾能力四个方面分析了河南省农业干旱的主要影响因素，根据资料的获取程度以及指标的选取原则，选取各个指标。利用层次分析法计算各个指标的权重，根据自然灾害指数法建立农业干旱灾害风险评估模型。

（12）分别对农业干旱灾害四因子致灾因子危险性、孕灾环境脆弱性、承灾体易损性、防灾减灾能力四个因子进行单因子风险分析，最后利用建立的风险评估模型得出综合风险值。

（13）利用 Arcgis 软件绘制风险区划图，结果表明：河南省中部部的平顶山，北部的济源、鹤壁等地的干旱风险值较大，处于极高值区；河南省西部的三门峡，中部的郑州、开封、许昌等地区的风险值处于高风险区；河南省中部的洛阳、周口、周口以及南部的南阳、信阳等地的旱灾风险较小处于中低风险区。

（14）选取新乡、三门峡、南阳、郑州、商丘作为农业干旱灾害风险概率评估典型区，利用最优分割法和模糊信息分配法对典型区的旱灾进行模糊评价，得到以下结论：南阳市发生轻风险、中风险的概率较高，但发生高风险及高风险的概率较低；三门峡市和郑州发生中风险的概率最高，发生低风险的概率最小发生极高风险的概率较小；商丘和新乡发生中风险的概率和极高风险的概率较大。

虽然本书对河南省干旱特征、致灾机理进行分析，并建立了农业干旱灾害风险评估模型，利用得到的模型量化风险值，并对河南省农业干旱风险进行分级，但农业干旱是一个非常复杂多变的过程，其成因异常复杂，本书在资料可获取的情况下，仅仅对河南的农业干旱进行浅层次的分析，由于各方面的原因，农业干旱的预警并没有深层次延伸。对农业干旱风险仍旧有许多问题需要研究及探讨，主要包括以下内容：

（1）降雨距平百分率是最简单也是使用最多的同时也是较为单一的指标，用这一指标来识别农业干旱特征未必全面，此外还需要考虑更多综合的因素以及适合各区域的农业干旱识别指标。

（2）干旱灾害风险影响因素较多，有些数据资料不容易获取，所以选取的指标并不是非常完善。以后在研究农业干旱灾害风险时，还应考虑不同地形、土壤类型、河网密度等指标对农业干旱灾害的影响。

（3）河南省干旱特征分析时仅分析了旱灾发生频率，对旱灾的周期性也要有一定的研究，旱灾的重现期以及强度进行着重分析。

本书的农业干旱分析可以为以后河南省抗定旱规划提供一定的依据，在对干旱灾害进行研究后，应该发展干旱灾害监测预报技术，注重防灾减灾工作的规划和准备，提高人们的公众防灾减灾意识，关注社会环境的可持续发展和全球的气候变化。

以河南粮食主产区为研究对象，通过试验研究在不同生育阶段的土壤水分亏缺对作物生长指标和生理指标的影响，得出以下主要结论：

1. 不同生育阶段干旱胁迫对冬小麦的生长发育的影响

水分胁迫对冬小麦的生长发育、生理特征和产量的影响是复杂的，且这些影响和表现状况与冬小麦的水分胁迫程度和生育阶段关系密切。

水分胁迫处理与株高和叶面积的增长成负相关的关系，即随着水分胁迫程度越是严重，株高和叶面积的下降趋势越为显著。当土壤相对含水量在 60% 以下时，对小麦的株高和叶面积有显著影响，当土壤相对含水量在高于 60% 时，对小麦的株高和叶面积无显著影响，水分胁迫对株高和叶面积的抑制程度与水分胁迫程度表现一致。除此之外，水分胁迫对小麦的株高和叶面积的抑制程度还与小麦的生育阶段相关。小麦在拔节期、抽穗期和灌浆期水分胁迫均能降低小麦的株高和叶面积，其中对株高和叶面积的影响程度依次为拔节期＞抽穗期＞灌浆期。

随着水分胁迫的加剧，造成了冬小麦叶片提前变黄，也加速了冬小麦提前衰老，从而对冬小麦的光合作用产生负面影响。不同水分胁迫程度会对冬小麦的光合性能产生不同的影响。拔节期、抽穗期及灌浆期水分胁迫对叶片的光合作用均存在负面影响，对光合和气孔导度的抑制程度和与胁迫程度正相关。经受水分胁迫复水后，不同胁迫时期小麦光合性能的补偿效果不同，其中灌浆期冬小麦的净光合速率和气孔导度恢复程度最少。

冬小麦的减产程度不仅与水分胁迫程度有关，而且与生育阶段存在密切联系。拔节期、抽穗期和灌浆期任何程度的水分胁迫都会使小麦的有效穗数、穗粒数和单株产量降低，中度干旱和重度干旱胁迫产量下降较为显著，灌浆期是冬小麦产量形成的关键生育，灌浆期是小麦光合同化物向小麦籽粒转化的旺盛时期，小麦籽粒产量大部分来自灌浆期的光合同化产物，这时的干旱或前期的干旱都会对籽粒灌浆过程产生深远影响。

研究结果显示，小麦的灌浆期是产量形成的关键期，此生育阶段小麦遭到干旱胁迫能够显著降低小麦产量和水分利用效率；拔节期干旱胁迫虽然降低小麦的产量，但对 WUE 的影响不显著。不同生育阶段干旱胁迫处理对的影响程度的次序为：灌浆期＞抽穗期＞拔节期。

2. 不同生育阶段干旱胁迫对夏玉米的生长发育的影响

同冬小麦对水分胁迫做出的调节机制相同，水分胁迫处理与株高和叶面积的增长成负相关的关系，即随着水分胁迫程度越是严重，株高和叶面积的下降趋势越为显著。玉米拔节-抽雄期和开花-灌浆期水分胁迫复水后均存在不同程度的补偿效应，开花-灌浆期水分胁迫后补偿效应较为明显，胁迫处理后复水的玉米生长速率基本上一直高于对照，生育期结束已经与对照差异不大；玉米拔节-抽雄期对水分胁迫的反应敏感，但复水后的补偿效应较弱。

气孔是玉米植株与环境进行气体交换和水分交换的重要器官结构，其分布、大小和开闭受环境条件尤其是水分条件的影响很大。夏玉米的光合特性不仅与水分胁迫程度相关，还与夏玉米的胁迫阶段相关。从整个生育期来看，玉米叶片的光合作用在开花期至灌浆期受的水分胁迫影响较为敏感，开花期至灌浆期中度和重度水分胁迫复水玉米的气孔导度和净光合速比拔节期至抽雄期更加难以恢复。水分胁迫程度越重，叶片的光合作用越呈现不可逆性。

干旱抑制玉米的生长，随着水分胁迫程度的加剧根长变短，总生物量降低，而根冠比增加。说明水分胁迫下，地上部的生长比根系的生长减小更多，光合产物优先分配给根系，适当的亏水能增加根系的吸收功能。开花-灌浆期是夏玉米产量形成的需水关键生育期，这时的水分胁迫会对籽粒灌浆过程产生深远影响。

灌溉是夏玉米高产的保证，但不是灌水量越多，夏玉米的产量和水分利用效率就越高，过多或过少的灌水量均能显著影响夏玉米的产量和水分利用效率，在一定灌溉范围内，产量与水分利用效率能够达到最高，要获得最佳的水分利用效率和产量就要合理控制灌溉量。水分利用效率和产量不仅和水分胁迫程度相关，还和夏玉米的生育阶段有关。

存在的问题如下：

（1）不同胁迫程度、不同生育阶段和不同胁迫历时等组合条件下的水分胁迫对作物生长发育、生理特性和产量的影响需展开更深入、广泛的研究。水分胁迫-复水对作物品质影响的研究。

（2）本次试验对水分和产量关系进行了研究，但并未揭示作物各生长阶段水分亏缺状况对产量损失的影响程度具体量化关系，且试验结果只有一次，还需进行重复性试验，对减产率和耗水量具体量化关系进行进一步深入研究。因此，不同生长阶段受旱程度对粮食减产的问题亟待深入研究，这个问题也是农业水资源高效利用领域的重要科学问题之一。

（3）本次试验小麦和玉米采用桶栽方式，试验条件受到地域限制较大，与农田生产存在一些结果上的相左，因而结果存在一定的局限性，还需要结合大田实验进一步深入研究。

在对干旱预测的关键性问题研究方面主要成果如下：

（1）对干旱定义、干旱类型、具有代表性干旱指标进行了总结归纳。根据研究目的，选择了五个具有代表性地区作为典型研究区。

（2）对典型代表区，运用 MK 检验法与滑动 T 检验法相结合的方法对降水与温度进行趋势性与突变性检验。通过研究发现，河南省全省的降水趋势并不显著。河南全省温度有显著上升趋势，豫东地区于 1993 年左右发生突变，豫南地区于 1996 年左右发生突变，豫西地区于 2006 年左右发生突变。

（3）河南全省降水差异性较大，豫南地区降水最为丰富，豫中、豫东次之，豫北、豫西最少。但从农业干旱的发生频率来看，豫西、豫北的农业干旱情况好于豫东、豫南、豫北地区，这可能是跟地区种植结构与灌溉能力有关。

（4）SPEI 指数根据《气象干旱等级》（GB/T 20481—2017）中规定的划分标准，对于识别河南省农业干旱并不适用，本次研究通过理论与实际相结合，创新性地提出针对不同地区、不同月份采用不同时间尺度、不同阈值的 SPEI 指数对农业干旱进行识别，并证明了其合理性。调整阈值后，SPEI 指数对河南农业干旱的识别能力较强，通常正确率可以达到 90％以上。

（5）河南干旱的等级程度跟月份相关性较强，1 月、2 月、3 月、11 月、12 月通常发生轻旱，4 月、5 月、6 月、7 月、8 月、9 月通常发生中旱和重旱。SPEI 指数对干旱程度的识别能力不强，这可能是由于 SPEI 只考虑了降水与蒸散量，但干旱发生、发展机理复杂，风速、地形、植被及环流等多种因素都会对其产生影响，但 SPEI 对河南省的农业干旱识别正确率达到了 90％以上，证明了降水量与蒸散量是导致农业干旱发生与否的绝对因素。

（6）随着干旱研究的不断发展，学者们发现神经网络作为黑箱模式的智能算法在时间序列预测的预测性能比其他方法更为优越。神经网络方法中，NAR 神经网络作比传统的 BP 神经网络、REB 神经网络预测性能更强。本书运用在水文时间序列上，较少被人使用的时间序列神经网络——NAR 神经网络，对 5 个研究区降水量与温度进行预测，预测数据计算 SPEI 指数与真实数据计算的 SPEI 指数，以《气象干旱等级》（GB/T 20481—2017）中规定的划分标准划分干旱，在三年内划分结果正确率较高。NAR 神经网络可以对河南农业干旱起到较好的预测作用。

NAR 神经网络对降水量的预测还有很大的局限性，首先它无法对降水极端值进行预测；其次，由于它是滚动预测模型，用预测值来预测预测值会使误差叠加，对时间跨度过长的时间预测可能会有较大误差。可以从 NAR 神经网络模型结合物理模型方面着手，提高模型的预测能力。

预测干旱的物理模型一直是干旱预测的难点与热点。通过对干旱机理的不断研究，创造出预测精度高、时间跨度长的物理模型将会具有里程碑式意义。

参 考 文 献

[1] 阮均石. 气象灾害十讲 [M]. 北京：气象出版社，2000.

[2] IPCC. Climate change 2007：the physical science basis [M]. Cambridge：Cambridge University Press，2007.

[3] 张继权，冈田宪夫，多多纳裕一. 综合自然灾害风险管理：全面整合的模式与中国的战略选择 [J]. 自然灾害学报，2006，15 (1)：29 - 37.

[4] 史培军. 再论灾害研究的理论与实践 [J]. 自然灾害学报，1996，5 (4)：6 - 17.

[5] 唐明. 旱灾风险分析的理论探讨 [J]. 中国防汛抗旱，208 (1)：38 - 40.

[6] 何斌，舞建军，吕爱峰. 农业干旱风险研究进展 [J]. 地理科学进展，2010，29 (5)：111 - 114.

[7] 顾颖，刘静楠，薛丽. 农业干旱预警中分析技术的应用研究 [J]. 水利水电技术，2007，38 (4)：61 - 64.

[8] Adams J. Risk [M]. London：University College London Press，1995：228.

[9] 刘荣华，朱自玺，方文松，等. 华北平原冬小麦干旱灾损风险区划 [J]. 生态学杂志，2006，25 (9)：1068 - 1072.

[10] 张学艺，张晓煜，李剑萍，等. 我国干旱遥感监测技术方法研究进展 [J]. 气象科技，2007，35 (4)：574 - 578.

[11] Nalbantis I，Tsakiris G. Assessment of hydrological drought revisited [J]. Water Resources Management，2009，23 (5)：881 - 897.

[12] Kirpinar I，Cokun I，Caykyl A，et al. First - case postpartum psychoses in Eastern Turkey：a clinical case and follow - up study [J]. Acta Psychiatrica Scandinavica，1999，100 (3)：199.

[13] 岳文俊，张富仓. 水分胁迫后复水对冬小麦生长及产量的影响 [C] //中国农业工程学会 2011 年学术年会论文集. 北京：中国学术期刊电子出版社，2011：814 - 821.

[14] 高志红，陈晓远，刘晓英. 土壤水变动对冬小麦生长产量及水分利用效率的影响 [J]. 农业工程学报，2007，23 (8)：52 - 58.

[15] Castillo F J，Izaguirre M E，Michelena V，et al. Optimization of fermentation conditions for ethanol production from whey [J]. Biotechnology Letters，1982，4 (9)：567 - 572.

[16] 吴泽新，王永久，李蔓华，等. 干旱胁迫对鲁西北夏玉米生长发育及产量的影响 [J]. 山东农业大学学报（自然科学版），2015 (6)：817 - 821.

[17] G D Farquhar，T D sharkey. Stomatal conductance and photosynthesis [J]. Annual

Reviews of Plant Physiology，1982，33（33）：317-345.

[18] 安永芳，关军锋，及华，等. 拔节期灌水对冬小麦根重与产量的影响 ［J］. 河北农业科学，2005，9（2）：16-20.

[19] 王淑芬，张喜英，裴冬. 不同供水条件对冬小麦根系分布、产量及水分利用效率的影响 ［J］. 农业工程学报，2006，22（2）：27-32.

[20] 袁永慧，邓西平. 干旱与复水对小麦光合和产量的影响 ［J］. 西北植物学报，2004，24（7）：1250-1254.

[21] 郑灵祥. 作物（小麦、玉米）对水分胁迫的生理生化反应的研究 ［J］. 杨凌：西北农林科技大学，2010.

[22] 张玉娜，杜金哲，王永丽. 干旱胁迫对夏谷干物质积累及产量影响 ［J］. 东北农业大学学报，2016，47（12）：15-22.

[23] 杨绍辉，王一鸣，郭正琴，等. ARIMA 模型预测土壤墒情研究 ［J］. 干旱地区农业研究，2006，24（2）：114-118.

[24] 王蕾，王鹏新，田苗，等. 效率系数和一致性指数及其在干旱预测精度评价中的应用 ［J］. 干旱地区农业研究，2016，34（1）：229-235，251.

[25] Malinverno A. Parsimonious Bayesian Markov chain Monte Carlo inversion in a nonlinear geophysical problem ［J］. Geophysical Journal International，2018，151（3）：675-688.

[26] 郭文献，李越，王鸿翔，等. 基于 IHA-RVA 法三峡水库下游河流生态水文情势评价 ［J］. 长江流域资源与环境，2018，27（9）：116-123.